166

新知
文库

XINZHI

Invisibility:
The History and Science of
How Not to Be Seen

隐形

不被发现的历史与科学

[美] 格雷戈里·J. 格布尔 著

林庆新 等 译

生活·讀書·新知 三联书店

图书在版编目（CIP）数据

隐形：不被发现的历史与科学 /（美）格雷戈里·
J. 格布尔著；林庆新等译 . -- 北京：生活·读书·新
知三联书店，2025. 1. --（新知文库）. -- ISBN 978
-7-108-07936-7

Ⅰ . O436

中国国家版本馆 CIP 数据核字第 2024SV8845 号

责任编辑　崔　萌
装帧设计　陆智昌　赵　欣
责任校对　曹忠苓
责任印制　卢　岳
出版发行　**生活·讀書·新知** 三联书店
　　　　　（北京市东城区美术馆东街 22 号　100010）
网　　址　www.sdxjpc.com
经　　销　新华书店
印　　刷　河北松源印刷有限公司
版　　次　2025 年 1 月北京第 1 版
　　　　　2025 年 1 月北京第 1 次印刷
开　　本　635 毫米 × 965 毫米　1/16　印张 16
字　　数　187 千字　图 50 幅
印　　数　0,001－5,000 册
定　　价　49.00 元
（印装查询：01064002715；邮购查询：01084010542）

新知文库

出版说明

在今天三联书店的前身——生活书店、读书出版社和新知书店的出版史上，介绍新知识和新观念的图书曾占有很大比重。熟悉三联的读者也都会记得，20世纪80年代后期，我们曾以"新知文库"的名义，出版过一批译介西方现代人文社会科学知识的图书。今年是生活·读书·新知三联书店恢复独立建制20周年，我们再次推出"新知文库"，正是为了接续这一传统。

近半个世纪以来，无论在自然科学方面，还是在人文社会科学方面，知识都在以前所未有的速度更新。涉及自然环境、社会文化等领域的新发现、新探索和新成果层出不穷，并以同样前所未有的深度和广度影响人类的社会和生活。了解这种知识成果的内容，思考其与我们生活的关系，固然是明了社会变迁趋势的必需，但更为重要的，乃是通过知识演进的背景和过程，领悟和体会隐藏其中的理性精神和科学规律。

"新知文库"拟选编一些介绍人文社会科学和自然科学新知识及其如何被发现和传播的图书，陆续出版。希望读者能在愉悦的阅读中获取新知，开阔视野，启迪思维，激发好奇心和想象力。

生活·讀書·新知三联书店
2006 年 3 月

目　录

1

糟糕的预测

"没必要在家里拥有一台自己的电脑。"

——数字设备公司创始人肯·奥尔森（Ken Olsen），

1977

众所周知，科学进步有些难以预测。科学史上充斥着大量谬误百出却引人注目的预测。例如，著名物理学家阿尔伯特·亚伯拉罕·迈克尔逊（Albert A. Michelson）在题为"光波及其用途"（*Light Waves and Their Uses*）的系列讲座中称："物理科学中最重要的基本定律和事实都已被发现，而且根基牢固，几乎没有新发现能够取而代之。"[1]迈克尔逊在1899年发表了这一声明；但是，在短短几年内，狭义相对论与量子力学的引入彻底颠覆了这种物理学观。根据阿尔伯特·爱因斯坦（Albert Einstein）的狭义相对论，当物体的相对速度接近光速时，物体的运动将截然不同。量子力学描述的则是在极小尺度下光和物质的行为与我们在日常生活中看到的有何区别。这两种理论不仅改变了我们对物理学和宇宙的理解，还带来了人类迄今仍未参透的新观点。

对于迈克尔逊的言论，不必吹毛求疵，因为他的观点是基于他那个时代的科学知识之上的。然而，若是对已知科学缺乏常识性的理解，这样的预测则注定会失败。1920年1月13日《纽约时报》（*New York Times*）的一篇社论就是一个令人尴尬的例子：一名匿名编辑抨击了火箭学的先驱研究者罗伯特·戈达德（Robert Goddard）教授，嘲笑他向地球大气层外发射火箭的想法是不可能的：

> 尽管如此，我们表达担忧和好奇是无可厚非的，因为火箭在离开地球大气，真正开始漫长旅程后，光靠剩余燃料无法加速和维持其飞行。戈达德教授的想法违背了动力学的基本定律，而只有爱因斯坦博士和他亲选的少数十几位精英才有资格这样做。
>
> 荒谬的是，戈达德教授在克拉克大学身居要职，得到了史密森学会的认可，而他居然不懂作用力与反作用力的关系，也不懂火箭飞行需要一种物质作为反作用力的对象，而不仅仅是真空。显然，他似乎只是缺乏高中日常传授的知识。[2]

这篇社论颇具侮辱性，作者错误地认为，火箭的推力是靠火箭喷出的气体作用于大气层所产生的。然而，实际上，在太空中火箭的推力基于牛顿第三运动定律。该定律指出，每一个作用力都有一个大小相等、方向相反的反作用力，即火箭向后喷出的气体会推动火箭向前移动。1969年7月17日，"阿波罗号"的宇航员历史性地首次登陆月球，《泰晤士报》（*Times*）发布了以下更正："进一步的研究和实验证实了艾萨克·牛顿在17世纪的发现，现在可以肯定的是，火箭能在真空和大气中运行。《泰晤士报》对此前的错误表示遗憾。"由此可见，有关科学的预测面临着双重危险：它们可能

隐形：不被发现的历史与科学

因为未知科学而被证伪，也可能由于对已知科学的根本误解而被证伪。

鉴于此，当被要求评论未来科学时，我应该更加谨慎一些。

2006年5月25日，《科学》（*Science*）杂志上发表了两篇独立的论文，探讨了设计隐身斗篷的理论框架。第一篇论文为《光学保角映射》（"Optical Conformal Mapping"），作者是苏格兰圣安德鲁斯大学的乌尔夫·莱昂哈特（Ulf Leonhardt）；第二篇论文《控制电磁场》（"Controlling Electromagnetic Fields"）则由英国帝国理工学院的约翰·彭德里（John Pendry），以及北卡罗来纳州杜克大学的大卫·舒里格（David Schurig）和大卫·史密斯（David Smith）合作撰写。尽管论文的标题听起来颇具专业性，但其意义振奋人心：两文都描述了一种装置的设计策略，该装置可以引导光线穿过中心隐藏区域并沿原路继续前进，就好像没有遇到任何阻碍一样。原则上，该装置会"隐匿"其内部的物体，使其无法被探测，从而在事实上变得不可见。[3]

对于这些成果，最兴奋的或许是我，因为我在2001年完成的博士论文课题研究中就曾对物理学中的隐形问题做出一定的初步阐释。2003年，在乌克兰基辅的一次会议上，我碰巧与乌尔夫·莱昂哈特交流了一些我早期研究的内容。然而，2006年的研究成果是一个重要的转折点，它使科学家们真正认识到，隐形不仅是可能的，而且也是切实可行的。

这两篇论文自然引起了全世界的关注，各地的新闻记者和科学家争先恐后，想知道这项研究结果意味着什么。我在该领域有过研究（我稍后会谈到这一点），于是一些新闻机构联系到我，让我谈谈隐身斗篷及其潜在用途。在一次采访中，我被问到了一个危险的问题："您认为真正能用的隐身斗篷什么时候能问世？"

面对这种问题，科学家天生有保守的本能。制造隐身斗篷所需的技术在2006年似乎还不存在，在实践中似乎也很难实现。任何我能给出的答案充其量只是猜测，最后我决定回答："五年。""五年"意味着虽然我认为实验既困难又耗时，但并非绝无可能，而且就算我说错了，实验没有成功，五年后也没人会记得我说过什么。

但是，第一次实验演示于2006年11月就发表了，距理论研究发布仅仅六个月，我居然多猜了四年半！[4]虽然第一次实验测试是使用微波完成的，而不是可见光，因此它并非严格意义上的隐形，但这次实验表明，隐身斗篷的原理并不像最初看起来那样不可能。对我来说，这体现了隐形科学自那以后的一种发展趋势：充满惊喜，难以预测。

自2006年的开创性论文发表以来，相关科学期刊和新闻报道铺天盖地，令人目不暇接，它们称真正的隐身时代即将来临，万事俱备，只差某一个关键的发现就能得以实现。这是我最喜欢的一些头条新闻：

• "隐身斗篷就在眼前"（2006年5月25日）
• "研究人员利用'海市蜃楼效应'制造功能性隐身斗篷"（2011年10月5日）
• "我们离真正的隐身斗篷又近了一步"（2012年1月26日）
• "科学家发明了类似哈利·波特的隐身斗篷"（2013年3月30日）
• "加拿大公司创造了一种名为'量子隐身'的隐身盾牌"（2019年10月21日）

关于隐形物理学的标题，有一条很特别，是我的最爱："'隐身斗篷'让坦克看起来像奶牛"（2011年6月9日）。

看到这些耸人听闻的标题，你不免会开始想象，现在是否有隐形人站在你身后，探过你的肩膀看你在读什么（别担心，没这回事）。隐形技术的研究现状如何？它如何实现？能实现吗？这本书探讨了这些问题和其他重要的问题。

故事还没完：150多年来，科学家和科幻小说作者一直在研究隐形现象，并试图了解这一现象可能的运作方式。我们将追溯这段历史，看看科学家们为了解光和物质的本质采取了哪些方法，并紧随其探索的脚步 。其中，我们将看到科幻小说作家如何预见该领域一些最引人注目的发现。最后，我们会发现，隐形科学比最有远见的科幻作家想象的还要陌生得多，也更出乎意料。

2

"隐形"是什么？

话音刚落，她抬起头，又看到那只猫，坐在树枝上。

"你说的是猪还是无花果？"猫问道。

"我说的是猪，"爱丽丝回答，"我希望你别总是突然出现，又突然消失，真让人头晕。"

"好吧，"猫说。这次它消失得很慢，从尾巴的末端开始，最后是笑容，在剩下的部分消失了一段时间之后，笑容却还在。

"真奇妙！我经常见到一只没有笑容的猫，"爱丽丝想，"但从未见过脱离猫身的笑容！这是我一生中见过的最奇怪的东西！"

——刘易斯·卡罗尔，《爱丽丝梦游仙境》(*Alice's Adventures in Wonderland*)，1865

最初描述隐身斗篷物理学的科学论文发表于2006年，它被广泛认为是物理学的革命性论文，事实也的确如此。因此可想而知，当

图1　一个"蜘蛛洞"。插图来自托恩（Thone），《隐身斗篷》（1944）

我在撰写这本书时，偶然看到一篇名为《隐身斗篷》（"Cloaks of Invisibility"）的文章，早在1944年就刊登于《科学新闻》（*Science News*）杂志，着实让我震惊。[1]

　　这篇文章的标题博人眼球，内容却平平无奇，讲的是第二次世界大战期间盟军使用的巧妙伪装术。标题是"蜘蛛洞"的插图："如上图，如果你是一名战场上的士兵，四周一片平和景象，敌人也无影无踪，那你可能离死不远了。"（图1）这样的洞以各种蜘蛛洞命名，例如螲蟷科蜘蛛的洞穴。蜘蛛洞拥有掩体做伪装，还有蛛丝做成的铰链，能让蜘蛛轻松伏击猎物，就像士兵利用洞穴埋伏敌军一样。

　　震惊之余，我意识到，我的发现提出了关于隐形的科学讨论都存在的一个问题："隐形"一词具有很强的暗示性，能在人的脑海中勾勒出特定的图像（或没有图像），但又非常模糊，因为它可以指代许多不同的事物。"隐形"意为"看不见"，但就算不靠复杂的物理学，你也有很多方法实现"隐形"。如果你藏在蜘蛛洞里，你就是隐形的；在一个没有窗户的房间中，关了灯，你也是隐形的。在蒙提·派森（Monty Python）的经典小品《如何不被看到》（*How Not to Be Seen*）中，主角藏在灌木丛后面，实现了隐形。细菌、原子和分子等非常小的物体肉眼无法看见，它们也是隐形的。章鱼和变色龙等动物则将皮肤颜色和皮肤图案与背景相匹配来实现某种隐形效果。遮住眼睛，一切事物都隐形了。

显然，我们需要限制此术语的使用，下面这个例子或许能帮助我们完成这项工作。2003年，在关于隐身斗篷的著名论文发表之前，东京大学的田智前（Susumu Tachi）教授发明了另一种"隐身衣"，登上了全球新闻头条。（图2）这件外衣效果十分诡异：人只需穿上它，身体的一部分就会变得透明，并且可以自由移动，无论身体姿势如何都能保持这种错觉。[2]

这种隐形效果是通过一套相对简易的装置来实现的。"隐身衣"由一种反射性材料制成，可以将大部分光线反射回光源处，一台摄像机负责记录穿着者身后的场景并将其传输给穿着者前面的投影仪。投影仪将背景显示在外衣上，营造出透明的视觉假象，该论文称之为"反光投影技术"。

这种隐形外套与间谍活动或战争所使用的技术相去甚远：这种视觉假象只在从投影仪的位置观察时有效，从其他位置看则会显得不连贯。但田智前教授的研究从未考虑过危险的应用。"当被问及这种隐形技术是否可以用于军事时，比如沙漠战争，这位五十七岁的教授显得很不自在。在日本，大学普遍回避军事研究，这反映了日本深刻的和平主义伦理观。"[3]

相反，田智前教授的隐身衣脱胎于他对远程操控（telexistence）的研究。这项技术能够连接和控制远程环境中的物体，或者利用虚拟环境来增强真实环境。他最关注的是将这项技术应用于手术改

图2 "光学伪装"系统的演示。照片由东京大学田智前提供

进：如果将反光投影技术与人体磁共振成像（MRI）相结合，患者的内脏图像就可以直接投影在皮肤上，从而使外科医生更容易找到正确的切口。

田智前教授还提出并测试了另一个有趣的可能用途，即车辆或飞机驾驶舱的内部透明化，它可以让驾驶员获得全方位视野，并在车内精确掌握附近障碍物的位置。最近，十四岁的艾琳娜·加斯勒（Alaina Gassler）也提出了类似的想法，并进行了样机试验。她设计了一个投影系统，使汽车的A柱透明化，A柱通常会造成驾驶员的视线盲点。加斯勒在博通大师赛中展示了她的成果，并荣获2.5万美元的最高奖金。[4]

以上这一类隐形就是我们所说的"主动隐形"，即通过设备来测量照亮待隐形物体的光线，并产生新的光线来营造视觉假象。

这与本书讨论的大部分"被动隐形"有所不同，被动隐形中的设备仅仅起到操作和引导照明光线的作用。像田智前和加斯勒这样的主动隐形方案已有了颇为花哨的用途：在2012年，奔驰公司制造了一辆"隐形车"来推广其低排放的氢动力汽车。[5]这辆车的右侧装有相机以记录场景，左侧则有一组LED灯来投射记录的影像。与先前的例子一样，只有当从合适的角度观察时——这里是观察其左侧——隐形的错觉才能生效，而在多数情况下，这远远谈不上是真正的隐形。"隐形车"这一灵感可能来源于《007：择日而亡》（2002）中詹姆斯·邦德驾驶的隐形汽车，阿斯顿马丁V12 Vanquish。

这也让我们回到了"隐形"的定义问题上。严格意义上，田智前的隐身衣和奔驰的隐形车都并非真正的隐形，而更像是"透明"的，只有从特定方向观察才能营造有效的错觉。但它们确实彰显着，为通过科技来使物体更难被看到，人们付出了努力，因此我们不能将其排除在定义之外。此外，正如我们在后文将发现的那样，即使从原则上看，物体能否完全隐形也尚未有定论。本书中讨论的许多隐形类型都有很大的局限性。例如，只有从某个角度观察或照亮物体时，物体才会完全不可见（例如田智前的隐身衣），或者仅在特定颜色的光线范围内不可见。

因此，不妨试着对我们的工作做如下定义：如果以不寻常的方式操纵光线，使物体比在正常情况下更难看见，那么我们就可以认定该物体是隐形的。这不包括躲在沙发后面或关灯之类的简单案例，而包括有趣的例子，例如上文讨论的以及后面的其他例子。

田智前的隐身衣还给了我们另一个重要启示。在科幻故事中，我们习惯于将隐形视为一种用来为非作歹的邪恶能力。但隐形也有极多的正面用途，例如减少车祸事故或协助手术。我们将在后文谈到更多意想不到的用途。

隐形：不被发现的历史与科学

3

科学遇上小说

他走进一座长满素馨花、木芙蓉和玫瑰的凉亭，在座位上坐下，在这里，他曾与艾丽西亚度过许多恍惚的时光，而此时，他万万没有想到接下来会发生什么。他惊呼："我想知道他们在说什么。我希望自己能隐身！"

没有比这更荒谬的愿望了，但此刻他心血来潮，又重复说了一遍，再花上一两分钟去想象它。这个游戏让他变得异常兴奋，于是他再次喊道："那将是何等的美好！我真的希望我能隐身！"

"3"向来被褒为神奇的数字，它既有好的一面，也有坏的一面。第三声呼喊刚从他嘴里传出，他便听到一声短促的咳嗽声从不远处传来。

他立刻站起来，从茂密的藤蔓中向外张望，看见一个陌生人慢慢地朝着凉亭走来。

——詹姆斯·道尔顿（James Dalton），《隐形绅士》（*The Invisible Gentleman*），1833

在经典电影《诸神之战》（*Clash of the Titans*, 1981）中，青年珀尔修斯（Perseus）在约帕城的露天剧场中醒来，感到十分意外，他是被嫉妒心深重的女神忒提斯（Thetis）扔到此处的。珀尔修斯的父亲是众神的统治者宙斯，他对忒提斯的干预非常不满。为了在这个危险的世界中保护儿子的安全，宙斯送给珀尔修斯三件礼物：一面坚固的反光盾、一把足以劈裂大理石的剑和一个能让穿戴者隐形的头盔。在其冒险故事中，珀尔修斯将很好地发挥这三件物品的效用。

《诸神之战》的故事大致基于古希腊的民间传说，可追溯到两千年前。珀尔修斯的传说历经数世纪的演变，其中最有影响的版本源自成书于1至2世纪的古希腊神话集《书库》（*Bibliotheca*），作者是伪阿波罗多洛斯（Pseudo-Apollodorus）。（学者最初认为这位作者是雅典的阿波罗多洛斯，但后来的证据证明这并非事实，因此这位未知的作者被称为"伪"阿波罗多洛斯。）

《书库》中，珀尔修斯戴上哈迪斯的神帽，获得了隐形的能力，从而偷偷接近美杜莎和她的姐妹们，并最终带着美杜莎的头颅逃脱：

> 戴上这顶神帽，他可以看见任何他想看见的人，但其他人却看不见他。珀尔修斯还从赫尔墨斯那里获得了一把金刚石镰刀，他飞到海上，找到了睡梦中的戈尔贡三姐妹。她们是斯忒诺、尤拉勒和美杜莎。只有美杜莎是可被杀死的；为此珀尔修斯被差遣去取其首级。但戈尔贡姐妹有缠着龙鳞的头、野猪般的大獠牙、铜手和用来飞行的金翅膀。凡是看见她们的人都会化为石像。于是，珀尔修斯趁女妖们熟睡时近身，雅典娜则指点他如何动手。他将目光转向了一面铜制盾牌，看着戈尔贡姐

　　隐形：不被发现的历史与科学

妹的倒影，斩下了美杜莎的头颅……于是珀尔修斯将美杜莎的头颅装进皮袋，回去了；戈尔贡醒来后开始追赶珀尔修斯：但由于他头戴隐形帽，她们看不见他。[1]

因此，人们在千年之久，甚至更长的时间里，一直在思考拥有隐形能力的好处和弊端。

柏拉图在其伟大的哲学著作《理想国》（*The Republic*）（成书于公元前375年）中记述了关于隐身的更黑暗的看法。书中人物格劳孔（Glaucon）在和苏格拉底对话时提出了裘格斯戒指的故事。这个故事对于奇幻小说的书迷们来说可能颇为熟悉：

> 传说，裘格斯（Gyges）是吕底亚国王的一名牧羊人。有一天，他在田野里突然遭遇暴风雨和地震。地面裂开了一个洞。他大为震骇，走下洞去，瞧见一个空心青铜马，上面有门。他弯下腰往里一看，发现里面有一具高大的尸体，似乎不像是人类，它手上戴着一枚金戒指。他取下戒指，重新爬了上来。后来，按照惯例，牧羊人聚集在一起，向国王报告每月的羊群情况。裘格斯戴着戒指，坐在他们中间。他不慎将戒指的底托往内拧了一下，立刻就隐身了。其余牧羊人在谈话中提及他，仿佛他不在现场一样。他惊讶万分，再次碰触戒指，将底托向外拧，他就重新出现了。此后又反复试验，都是同一结果：内拧底托，就会隐身；外拧，就会重新出现。意识到这一能力，他立刻设法被选为派往宫廷的信使。一到达宫廷，他便诱惑了王后，与她谋反，将国王杀害，夺取了王国。现在假设有两枚这样的神奇戒指，一枚被正义的人戴上，另一枚被不义之人戴上。他们说，没人会有如此坚定的品性，会永远正直。[2]

柏拉图通过讲述格劳孔关于裘格斯戒指的故事，思考道德是否只是因为惧怕惩罚而存在，而正义本身是否只是社会建构的产物。柏拉图借苏格拉底之口回答了这个问题：屈服于至高权力之诱惑的人终将被自己的基本欲望奴役，从而实际上是在惩罚自己。不屈服的人能够自控，因此既快乐又自由。

　　自古以来，获得隐身能力又最终堕落的故事层出不穷。柏拉图、伪阿波罗多洛斯及其追随者视隐形为神之赐予、魔法的产物和想象性的概念，可用作非现实的隐喻或例证。在伊丽莎·海伍德（Eliza Haywood）于1754年匿名写成的《隐形间谍》（*The Invisible Spy*）中，叙述者从一个神秘的魔术师那里获得了一条可使人隐形的腰带；在詹姆斯·道尔顿1833年所写的《隐形绅士》中，主人公随口说了一个愿望就获得了隐身的能力。

　　随着人类对自然世界的理解日益深入，有人开始思考是否能在自然法则之下实现隐形状态。但首次提出这个问题的并非科学家，而是一位科幻作家。1859年，爱尔兰裔美国作家菲茨·詹姆斯·奥布赖恩（Fitz James O' Brien）（图3）发表了《它是什么？一个谜》（*What Was It? A Mystery*），这是有史以来最早尝试用科学解释隐身现象的小说。

　　菲茨·詹姆斯·奥布赖恩的生活狂野不羁、跌宕起伏、毫无定式，这也反映在他的写作中，有时甚至有些吊诡。1828年，奥布赖恩出生在爱尔兰，原名迈克尔·奥布赖恩（Michael O' Brien），父亲是一位律师。他很早就对写诗产生了浓厚的兴趣，这在未来的岁月里对他大有裨益。他在都柏林大学读书，后移居伦敦，据说过着奢侈的生活，仅用两年就花光了父亲留给他的遗产。于是，他在1852年左右前往美国谋生，并把名字改成了菲茨·詹姆斯。幸运的是，他在家乡有足够的影响力，能够获得纽约市文学界的介绍信，

　　　　隐形：不被发现的历史与科学

图3 菲茨·詹姆斯·奥布赖恩，作者威廉·温特。插图来自《奥布赖恩诗歌与故事》（*Poems and Stories of O'Brien*），1881

很快便为各种出版物写作，包括《晚邮报》（*Evening Post*）、《纽约时报》、《名利场》（*Vanity Fair*）杂志和《大西洋月刊》（*Atlantic Monthly*）等。

文学事业无法维持奥布赖恩习以为常的奢华生活，报道称他经常欠债，四海为家，命途多舛。他魅力四射，但脾气暴躁，和遇到的一些人成为了终身的朋友，也惹怒了一些人。朋友托马斯·戴维斯（Thomas Davis）在他逝世多年后讲述了一个关于他双重性格的精彩逸事：

> 唐纳德·麦克劳德（Donald McLeod），即《平什赫斯特》（*Pynnshurst*）的作者，曾是奥布赖恩的伙伴，他们睡在同一张床上。一天晚上，他们刚上床，就展开了一场关于苏格兰和爱尔兰民族性的激烈争论，麦克劳德对奥布赖恩发表的一些观点十分不满。"这无法容忍！"麦克劳德大声喊道。"你随意。"奥布赖恩回答说。"先生，我不够满意！"麦克劳德咆哮道。

"好吧，"菲茨·詹姆斯同样愤怒和好战，把毯子盖好，"好吧，你知道明天早上在哪儿找到我。"这最后一句狠话，虽然严肃到了极致，却让两人在笑声中结束了这场争论。[3]

1861年内战爆发，奥布赖恩加入了纽约国民警卫队第七团，期待被派往前线为联邦政府战斗。不料，该团只是为了守卫华盛顿而部署的，奥布赖恩服役一个月后就被遣返。尽管如此，奥布赖恩并未气馁，他努力争取，被任命为将军幕僚，并在1862年初加入弗雷德里克·兰德将军的前线部队。他与兰德将军一同在今西弗吉尼亚州的布鲁默里山口对抗邦联军队，2月14日参与冲锋，是极少数勇敢越过敌方火线的人之一。几天后，他带领一支骑兵队去抢夺敌人的牛群，遭遇了一支敌军，人数是他们的四倍多。然而奥布赖恩毫不畏惧地指挥了冲锋。"正当他们策马向前，邦联军官举起手大喊：'站住！你们是谁？'奥布赖恩回答道：'联邦士兵！'并向他开火，打响了交战的第一枪。俘虏这支小小的队伍，对于邦联军来说易如反掌，但奥布赖恩的进攻十分大胆，这让敌人以为他一定还有预备队。"[4]联邦军成功击退了敌人，但奥布赖恩自己就没那么幸运了。他杀死了邦联军的领袖，肩膀却中了枪。伤势十分严重，起初还有康复的迹象，然而，状况不断恶化，他于1862年4月6日去世，年仅三十五岁。

奥布赖恩笔下的故事奇异诡谲、想象瑰丽，暗示着他还未到达巅峰就提前结束的写作生涯。他的鬼怪小说《迷屋》（"The Lost Room"，1858）讲述了一个男人家里的书房被恶灵占据的故事。主人公为了争夺房间的所有权，冒失地与恶灵打赌，却在物理意义上彻底失去了书房。这个故事好似一个隐喻，映射着奥布赖恩飘零失落的人生。在《从手到口》（"From Hand to Mouth"）中，一位挣

　　　　　隐形：不被发现的历史与科学

扎谋生中的作家在一家旅馆避雨，这个旅馆似乎是活的，还在观察他；这个超现实的讽刺故事也是半自传性的，它以愤世嫉俗的态度看待作家们竭力谋生的困境。在《魔法师》（"The Wondersmith"）中，一群邪恶的巫师密谋赋予玩具木偶生命，操纵它们进行谋杀，结果却反遭这些木偶的攻击。[5]

然而，奥布赖恩最具影响力的故事是那些涉及科学思想，尤其是光学的故事。他最著名的作品《钻石透镜》（"The Diamond Lens"，1858），讲述了一个人建造了有史以来最强大的显微镜，并爱上了他在一滴水中看到的微型女子的故事。[6]然而，发表在《哈珀斯杂志》（*Harper's Magazine*）上的《它是什么？一个谜》才真正在科幻小说领域开创了新境地，该小说试图解释传统上无法解释的隐形力量。[7]

故事中，叙述者哈利和朋友汉蒙德入住了一家传闻近年在闹鬼的寄宿公寓。一天晚上，哈利在黑暗中遭到攻击，那个生物身形矮小，但力量惊人。他与这个人形生物搏斗，并成功制服了它，将其按在地上。他用另一只手打开了灯，结果发现与他交手的这位袭击者是隐形的，还在喘气！

汉蒙德赶到后，两人将这个生物绑起来放在床上。他们不知如何处理它，而这个生物也不想吃任何给它的食物，它日渐虚弱，最终死去。两人就将其埋在房子后院。

作为一篇恐怖故事，《它是什么？一个谜》算不上特别吓人，但却是一篇引人入胜的开创性科幻小说。在两人绑住这个生物后，汉蒙德试图通过推测隐形生物的存在原理来安抚他的朋友哈利：

让我们稍加推理，哈利。这儿有个真实存在的躯体，我们摸得着，但看不见。这事儿怪得很，咱俩都怕极了。难道没有类似的现象吗？拿一块纯玻璃来说吧。它摸得着，是透明的。一定化学性质上的粗糙使它无法完全透明到彻底隐形。但你要知道，理论上制作出一块不反射任何光线的玻璃是可以实现的：一块在原子层面上纯净和均质的玻璃，太阳射线可以像穿过空气一样穿过它，折射而不反射。我们看不见空气，但我们能感觉到它。

奥布赖恩引用了光学领域最为古老的两个实验现象来解释隐形：反射定律和折射定律。伪阿波罗多洛斯在叙述珀尔修斯的事迹时也曾一并讨论过这两个定律。反射定律表明，当光线从平坦光滑的表面（如抛光金属或玻璃）反射时，反射角度等于入射角度。这个定律可能早在古代就已被发现，《几何原本》（*Catoptrics*）一书中便有记载，此书据说是著名几何学家欧几里得（Euclid）在约公元前约300年编写的。然而，有人认为这本书可能是由数世纪后的一个或多个作者撰写的，因此现在称其作者为"伪欧几里得"。

折射定律用量化的方式描述了光线从一个透明介质到另一个透明介质时方向的变化。折射现象自古以来就为人所知。在《理想国》中，柏拉图指出"同样的物体，在水中看上去弯曲，在水外看则是直的"[8]。如今，我们将这种现象称为"弯曲吸管"错觉，即在一杯水中，吸管在水与空气的交界处看上去似乎是弯曲的。（图4）从水下反射出来的光线在离开水面时会改变方向，从而导致吸管看上去是弯的。几个世纪以来，许多学者试图量化折射定律，现在普遍认为荷兰天文学家威尔布罗德·斯内利乌斯（Willebrord Snellius）在1621年提出了正确的公式。然而，这个定律已经被多次发现和再发现，伊斯兰学者伊本·萨赫尔（Ibn Sahl）在984年发表该定律，是公认的首位提出该定律的人。尽管如此，这个定律通常被称为

"斯涅尔定律"。[9]

我们不会关注这里详细的数学运算。用一句话说，当一束光从密度低的介质（光速更快）进入密度高的介质（光速较慢）时，它的方向会向交界面的垂线偏折。[10]从密度高的介质进入密度低的介质时，情况则相反，光线会向远离垂线的方向偏折。光在真空中的传播速度与光在该介质中的传播速度之比称为折射率，水的折射率为1.33，玻璃为1.5，钻石为2.417。折射率越高，光线的偏折程度越大。自然界发现的材料中，钻石的折射率最高。钻石拥有极强的折射能力，因此奥布赖恩设想使用钻石透镜制造一台前所未有的高性能显微镜（尽管后来发现，制造一台高性能显微镜要比选择透镜材料更为复杂）。空气的折射率约为1.0003，这使得空气中的光速只比真空中略低；后文我们将看到，这是制造隐形装置时面临的主要困难。

值得注意的是，反射与折射同时存在：照射到光滑透明表面上的光，一部分被反射，其余则被折射。

奥布赖恩对隐形的解释基于两个关键性假设。其一是，折射光

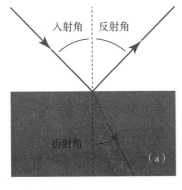

图4 （a）反射和折射的角度；（b）折射导致的"弯曲吸管"错觉

线在穿过物体时不受影响。如此假设很可能是看着一块窗玻璃构想出来的；因为光线穿过窗户的确几乎不会造成窗后景色的扭曲。但如果换成有弧度的透明物体，比如透镜或看不见的怪物，情况就大不相同了！光线射入物体的接触面与射出面角度不同，因此射入角度与射出角也不一致。正因如此，透镜才能够聚光，但透明怪物背后的景象也会被扭曲，这样一来，怪物就会被发现。所以，菲茨·奥布赖恩的解释是错误的，毕竟透明并不等于隐形。

因为折射存在，所以透明并不等于隐形，这点在几十年后的一位作家那里也有涉及。以《野性的呼唤》（*The Call of the Wild*，1903）和《生火》（"To Build a Fire"，1908）等荒野故事闻名的美国作家杰克·伦敦（Jack London），在1906年进军科幻界，创作了《影子与闪光》（"The Shadow and the Flash"）这篇故事。故事讲述了互相竞争的两位科学家各自发明了两种不同的隐形术，但各有其自身的局限性（图5）。[11]劳埃德·因伍德（Lloyd Inwood）给自己全身上下涂满超级黑色颜料，因而不会反射任何光线，但还是摆脱不了自己的影子会暴露行踪。保罗·蒂奇洛恩（Paul Tichlorne）则发明了一种化学方法，可以把自己的身体变得完全透明，但由于光穿过他的身体发生折射，一动就会闪闪发光。他说："阳犬（sun dogs）、风犬（wind dogs）、彩虹、晕轮和幻日共属一个气象家族，是由矿物、冰晶、水雾、雨水、飞沫等折射光线产生的；恐怕我把自己变得透明的代价正是如此。[①]我不像劳埃德那样有影子，却被虹光闪烁暴露了行踪。"故事结尾，两位敌手在网球场上打得你死我

---

① "wind dogs" "sun dogs" 和 "parhelia" 均指被称作幻日的天气现象，这种现象是由空气中的小冰晶折射阳光导致的，看起来像是太阳有了一个虹彩侧影，故称"阳犬"；而"风犬"则是爱尔兰方言中类似的表达。——译者注，以下若无特别说明均为译者注。

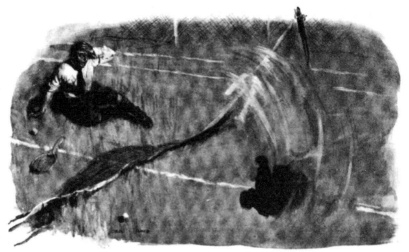

图5　杰克·伦敦的故事《影子与闪光》中由塞勒斯·库内奥（Cyrus Cuneo）原创的插图（图中文字："我什么也做不了，只好坐直了，入迷又无力地观看这场较量。"）

活，呈现了一幅光暗相抗的奇异图景。

　　顺便一提，杰克·伦敦对超级黑色颜料的想象具有预见性。2014年，英国工程公司萨里纳米系统推出了一种叫梵塔黑（Vantablack）的新材料，它是当时世界上最黑的材料，能吸收99.965%的光线。[12]该材料由密集如林般的空心碳管垂直排列组成，碳管直径约为一纳米，即十亿分之一米。"梵塔"（Vanta）是"vertically aligned nanotube arrays"（垂直排列碳纳米管阵列）的首字母缩写。光线进入阵列，就会在碳管间反复弹射，最终被吸收殆尽。

　　梵塔黑推出后很快就引发了争议，因为艺术家安尼施·卡普尔（Anish Kapoor）购买了梵塔黑喷漆的独家使用权，其他艺术家自然不乐意。对艺术界而言，幸运的是替代品很快就问世了，有些甚至比梵塔黑更黑；2019年，麻省理工学院工程师发明了一种基于碳纳米管的材料，能吸收高达99.995%的光线，破了黑色的纪录。艺术家蒂姆特·施特雷贝（Diemut Strebe）马上就用上了新材料，她在纽约证券交易所展出名为"虚荣之救赎"（"The Redemption of Vanity"）的作品，把一颗价值200万美元的钻石涂成一隅无法穿破的黑色空洞，这一次影子战胜了闪光。[13]

您也许会有如此质疑：给物体喷上超级黑色颜料就能算隐形吗？话虽如此，但2018年，就有一位参观者掉进了安尼施·卡普尔题为"坠入灵薄狱"（*Descent into Limbo*）的作品中，显然是没看出来地上的黑色圆形的确是个2.5米（8英尺）深的洞，[14]甚至卡普尔的作品用的还是早于梵塔黑的高度黑色颜料。

奥布赖恩隐形论的第二个关键性假设是，能够做出"只折射光而不反射光"的完美玻璃。再一次，现代光学证明了奥布赖恩是错误的：因为像玻璃这样的普通材料，不管多么纯净，都不可能毫无反射（后文也会谈到特殊材料）。在合适光照的条件下，从特定角度看，我们可能很难发现擦得特别干净的窗玻璃，但它仍会反射足够的光，让我们换个角度就能注意到它——可见这离隐形还有一大段距离。

奥布赖恩的错误情有可原，毕竟在他那个时代，人们对光的认识和对光与物质间相互作用的理解仍很有限。但他还认为普通玻璃具有"某种化学粗糙度"，所以不能隐形，可见他的隐形说，对他而言是有非常具体的物理学依据的。这自然使我们好奇他的灵感从何而来。

很遗憾，我们无法从奥布赖恩的书信往来中找到答案。因为在临终前，他为自己的文件遗产指定了两位执行人，他死后，所有文件都被送到其中一位执行人弗兰克·伍德（Frank Wood）那里，由他通读。然而很不巧，伍德本人不久后也与世长辞，他手上的文件显然也随之丢失了。[15]

不过，奥布赖恩时代，人们对光和物质交互的物理认知太少了，我们很快就能在现代物理学之父艾萨克·牛顿那里找到奥布赖恩的理论来源。英国数学家、物理学家牛顿，以其著作《自然哲学的数学原理》（*Philosophiae Naturalis Principia Mathematica*，1687）闻名于世，他首次提出了万有引力定律，并运用数学展示了该定律如何既可以解释行星、卫星等天体的运动，又可以解释近地面物体的坠落运动。这种用少数物理定律归类解释多种现象的思想，直到现代仍是物理学的整体指导原则。如今，粒子物理学家正努力证明自然界的四种基本力量——引力、电磁力、弱核力和强核力——其实都是某单一力量的体现，这就是统一场论，也是对牛顿开创性工作的直接反映。

牛顿不仅是卓越的数学和理论物理学家，他在光学方面也做了许多具体的实验研究。此前的光学研究，主要聚焦于光的几何性质，以及考察透镜和镜面是如何反射和折射成像的。牛顿光学的开拓性在于，他致力于理解光的物理特性，本质上是要回答"光是什么？"这一问题。牛顿最著名的贡献是认识到白光是由各种颜色的可见光融合而成的，他用玻璃棱镜将一束白光分解成道道彩虹。知道平克·弗洛伊德（Pink Floyd）经典专辑《月之暗面》（*Dark Side of the Moon*）封面的人，都见过这种实验。[16]可见光光谱包含红、橙、黄、绿、蓝、紫等颜色，其红端折射率最低，紫端折射率最高。[17]因此，白光穿过棱镜能向不同方向折射出各种色彩。

1672年，牛顿在英国皇家学会发表了第一批实验成果，立即遭到非议。当时，光学研究者分为水火不容的两个阵营，一方认为光是一种粒子流，好比小溪中的水流，另一方认为光是一种连续波，就像池塘表面的涟漪。粒子流说的根据是光在远离物体时仍直线传播，而光波说又能以光波在不同媒质中传播速度不同，解释产生折射的原因。牛顿认为，他的研究证明了光是粒子流。

英国皇家学会的许多重要成员都坚信光波说，因此抨击了牛顿的研究。其中最激烈的反对声音之一是罗伯特·胡克（Robert Hooke，1635~1703），他是一位杰出的研究者，在许多领域都做出了贡献，包括显微学、天文学、古生物学、机械学和测时学（关于计量时间的学问）。在他1665年出版的《显微图谱》（*Micrographia*）中包含了最早的微观生物插图，胡克也凭借此书在科学界名声大振。

胡克对牛顿的激烈批评导致二人长达数十年都保持针锋相对的状态，胡克不只针对牛顿的学术观点，还指责牛顿剽窃了他关于光学和引力的部分成果。胡克和一些其他事件带来的压力使牛顿在1678年精神崩溃，从公众视野里消失了好几年。然而后来，牛顿的万有引力研究得到了认可，他跻身名人堂，事业也重回正轨。二者的角斗甚至在一方死后仍在继续：牛顿在胡克死后当选英国皇家学会主席，人们怀疑牛顿移走或毁掉了胡克的唯一已知画像，该画像曾悬挂于英国皇家学会的墙上。

1704年，也就是死对头胡克死后第二年，牛顿的《光学》（*Opticks*）才得以发表，这可不是什么巧合。论著中许多实验都致力于理解透明的本质，试图回答：为什么有的物体透明，而有的不透明？

在与隐形最相关的研究中，牛顿探究了物质最小微粒的透明度。如今我们会想到原子，但对牛顿而言，他仅仅模糊地谈及了物质的"最小部分"。他把玻璃之类的透明材料磨成粉末，观察到粉末并不透明。相反，他也把纸张之类的不透明材料浸在油中，观察到它们会变得透明（就像放油腻比萨饼的纸盘一样）。

牛顿进而得出结论：物质的最小部分一般是透明的，但由于多重折射和反射，光线无法通过这些最小部分。粉末状的玻璃不透明，是因为光线在颗粒之间穿行时发生了反射和折射；而玻璃板透明，则是因为熔融后颗粒间的界限消失了。

用牛顿自己的话来讲，就是：

> 物体各部分的这种不连续性是物体不透明性的主要成因，可以通过以下讨论显露出来：用密度与它们的各部分相等或几乎相等的任一种物质来填满它们的微孔，使不透明物质变成透明的。这样，纸浸在水或油里，猫眼石泡在水里，亚麻布上浇油或涂清漆，以及许多别的物质浸泡在这种能亲和地充满它们小细孔的液体里，用这种方法这些物质都会变得比用别的方法要透明；因此，相反地，大多数透明物质可以通过排空它们微孔内的液体，或者分隔它们各部分而变得充分地不透明；像弄干盐、湿纸或猫眼石，敲碎的角制品，把玻璃碾成粉末或者用别的方法使其破碎。[18]

因此，牛顿认为，可以通过填满组成不透明物体的颗粒间的孔隙，使其透明，例如，将纸浸泡在油中，这样可以减少光线在众多最小部分中穿行时产生的折射。

回顾菲茨·奥布赖恩对隐形的描述，能看出他的想法很可能源自牛顿的开创性研究，或至少是来自其他人对牛顿这项研究的转述。奥布赖恩认为，"有些物质没有透明到完全隐形的唯一原因，是它们具有某种化学上的粗糙性"，这符合牛顿的假设，即不透明性完全是由于材料最小微粒不够完美。

所以在某种意义上，对隐形的科学解释可以追溯到牛顿的学说。尽管他并未畅想隐形怪物，但他致力于研究透明的本质，这激发了科幻小说作者的想象力，进而通过科幻小说引发了科学家的灵感。

然而，牛顿解释不透明现象的学说基本上是错误的。我们接下来将了解到，其实光与物质的相互作用通常要比牛顿设想的复杂得多，而且需要首先了解原子的性质，但当时的牛顿并没有能力去研究这些。不过，他对纸的透明解释倒是正确的，纸由诸多透明纤维织成，中间有空气孔隙。光线照在纸上，会被其纤维森林阻拦，因而无法尽数透过纸张，这与梵塔黑材料用碳纳米管森林阻挡光线有异曲同工之妙。而把纸浸入油中，纤维间的孔隙就被油填上了，这能从一定程度上减少光的折射和反射，从而使浸油纸变得更透明。

我们从菲茨·奥布赖恩对隐形的解释中，能简要了解那个时代对光学科学的认识：当时人们对光的行为知之甚少，对原子的特性则几乎一无所知。这种情形在未来短短几十年间发生了戏剧性的转变，继而拉开了隐形新设想的帷幕。

隐形：不被发现的历史与科学

4

隐形射线与隐形怪物

灌木丛安静下来，声音也消失了，但摩尔根仍像往常一样保持着对这地方的警觉。

"那是什么？那玩意儿是什么？"我慌忙问道。

"那个鬼东西！"他头也不回地说。他的声音沙哑，很不自然，甚至我都能看见他在发抖。

我正准备张口，就看到刚才有骚动的地方附近的野麦出现诡异的颤动。我无法描述出来，它们好像被一阵风搅动，麦秆不仅弯曲，而且被压折了——再没能直起来，野麦的颤动慢慢地一直延伸到我们跟前。

——安布罗斯·比尔斯（Ambrose Bierce），《鬼东西》
（*The Damned Thing*），1893

早在菲茨·奥布赖恩思考不可感知之物约50年前，科学家就已经发现了看不见的世界，尽管它的形式出人意料，超乎想象。19世纪初，研究者发现了两种不可见光，虽然无法用肉眼观测到，却能真切地影响物质世界。在我们无法直接感知的地方，竟存在一整个物理宇宙，这种观念不仅激发了科幻小说对隐形的新设想，而且以出人意料的方式推动了对隐形的科学研究。不可见光也是解开"光是什么"谜题的关键线索。

解谜之路上的首个意外之喜是德国的英裔天文学家、音乐家威廉·赫歇尔（William Herschel，1738~1822）在1800年的发现。赫歇尔出生于德国汉诺威选帝侯国，似乎注定要追随父亲艾萨克的脚步，成为汉诺威军队中一名双簧管演奏者。[1]1755年，威廉同哥哥雅各布（Jakob Herschel）一道被派驻英国，那是他第一次在英国生活；当时，大不列颠和汉诺威均在英王乔治二世治下。但因为与法国交战，兄弟二人被召回汉诺威保卫家乡，在1757年7月的哈斯滕贝克战役中，汉诺威军队不敌法军。

艾萨克·赫歇尔（Isaac Herschel）不愿在战火中失去儿子，当年晚些时候就把两个年轻人送回了英国。威廉靠他的音乐才华谋生多年，既作曲又表演。这些年里，他还学会了演奏小提琴、羽管键琴和管风琴，有时也在管弦乐队里独奏或是去教堂当管风琴师。

在他的音乐生涯中，赫歇尔已展现出解决问题的能力，他的天赋也对他后来的科学研究大有裨益。这一点在管风琴师米勒回忆的逸事中可见一斑。

> 哈利法克斯教区的教堂这段时间新造了一架管风琴，赫歇尔正是七位候选演奏家之一。七人抽签决定演奏顺序，赫歇尔排第三位，跟在来自曼彻斯特的温赖特博士（Dr. Wainwright）后面。博士弹奏时，双手十指在琴键上敲得飞快，管风琴的建

---

[1] 当时的汉诺威选帝侯也是英国汉诺威王朝的君主，选帝侯拥有选举"罗马人的皇帝"的权力。

造者老斯内茨勒听了后在教堂里到处跑，嘴里大喊着："介恶魔啊！介似恶魔！他弹琴像猫滚琴键；没给我的琴留半点说话空当。"①米勒回忆道，"温赖特先生弹琴时，我和赫歇尔就站在中间过道上等着。排在他后面，你有多大胜算？"我这么问他，他回答说，"我不知道；但肯定不能只靠手指了。"话音未落他便登上了管风琴阁楼开始演奏，音符是那样饱满，和音是那样浑厚、缓慢和庄严，我简直描述不出来……

"哎，对了，"老斯内茨勒叫道，"介个演奏太优秀了，简直就似完美；我爱上了介个人了，因为他给我的琴留了说话空当。"后来我问赫歇尔先生如何在表演开头奏出如此不同凡响的音效，他回答我说："跟你讲过了，只靠手指是不够的！"接着他从马甲口袋里拿出两截铅块，"一块放在管风琴的最低音键上，"他说，"另一块放在高八度音的键上；这样就能产生和音，达到四手弹奏的效果，而不是只靠双手十指了。"[1]

赫歇尔从音乐家到科学家的人生转变并不寻常，但其实他受过的音乐训练不仅为科学研究做好了准备，而且为他长久投身科学提供了动力。他从小就接受了一系列数学教育，因为父亲希望他兼顾音乐理论和实践。长大后，赫歇尔再次借助科学提高自己的音乐技艺。1770年前后，他阅读了罗伯特·史密斯（Robert Smith）的《和声学》（*Harmonics*），又名《音乐性声音的哲学》（*The Philosophy of Musical Sounds*），后来又看了他的《光学大全》（*Compleat System of Optics*），后者不仅涵盖光和成像的理论，还介绍了设计望远镜的实用技术，兼有对太阳、月亮和其他当时已知天体的观测记录，

①　斯内茨勒先生讲英文发音不准，他讲话里出现的"介""似"是故意为之。

是一本内容丰富的著作。阅读《光学大全》似乎激发了赫歇尔的好奇心，他想亲眼看看史密斯所写的那些奇妙的存在，于是开始研究天文学。[2]

这段时间里，威廉还做了另一个对他未来科学生涯至关重要的选择。此前，他的妹妹卡罗琳·赫歇尔（Caroline Herschel，1750~1848）一直留在汉诺威家中，似乎注定要度过平凡的一生。母亲只教给她最基本的生活技能，显然是担心卡罗琳如果懂得太多，也会像哥哥们一样离家远行。然而在1772年，威廉还是邀请卡罗琳到英国去，在他工作的唱诗班中担任歌手。就在她去英国的这年，威廉对天体研究达到了痴迷的地步。卡罗琳不仅胜任了歌手一职，还负责在哥哥忙于用望远镜探究天体时当他的助手。她负责记录观测笔记，并确保哥哥能按时吃上饭。短短几年内，她就从一位家里的女佣变成了实验室技术员，并协助威廉建造了更大型、更复杂的望远镜，她自己也走上了天文研究的道路。卡罗琳在职业生涯中共发现八颗彗星，如此卓越的贡献使她荣获皇家天文学会荣誉会员的称号，同时她也是英国第一位被政府授予官方职位的女性。

1773年，威廉开始仰望星空，不过他正式研究天文学要从1779年说起。他系统性地搜索了天空中看似相距很近的星体。当时学界认为，通过研究这类双星明显的位置变化可以预测它们在太空中的运动轨迹，并推算出天体到地球的距离。1781年3月，赫歇尔在观测双星时，看到了一个此前未知的碟状天体，这就是人类首次观测到的天王星。该发现不仅使赫歇尔稳坐一流天文学家的宝座，而且还为他赢得了皇家学会会员的殊荣。

1800年2月，威廉开始借助望远镜对太阳进行一系列的直接观测。这类观测需要先对太阳光进行大量削减才能安全进行。赫歇尔尝试使用不同颜色的镜片来过滤射入光线。像他后来所写那样：

　　　　　隐形：不被发现的历史与科学

"神奇的是，用一些透光少的镜片时，我能明显感到热量；而用另一些透光多的，则几乎感受不到热量。"³赫歇尔特别注意到，红色滤镜阻挡了很多光，但似乎能透过大量热量。人们都知道阳光能提供热量，但赫歇尔发现光的颜色不同，提供的热量可能也不同，而且某些颜色光的照明效果可能更优秀。

于是他又做了一系列实验，来考察不同颜色光的热能和照明能力。他在窗边放置一个棱镜，在桌上投射出一束彩虹。为了检验光的照明效果，他把显微镜依次置于不同颜色光中，用肉眼判断光下物体的可见度。为了检验加热能力，他把一组带玻璃泡的温度计分别摆在各个颜色中。（图6）

赫歇尔发现，正如人们所想，物体在光谱中间的黄色光照射下可见度最高，而在两个末端的红色光和紫色光下可见度较低。而在加热方面，他却发现紫光几乎不产生任何可感热量，但越接近光谱的红色端，加热效果越好，且在红色光末端达到峰值。

研究进行到这里，赫歇尔做出了一个非凡的推论，这将彻底改变我们对光的理解。在认识到"辐射热"似乎与可见光同样遵从折射和散射法则后，他指出："我们难道不能据此推测出，辐射热也由一定动量范围的光粒子组成，且该范围可能超出可见光光谱两端的折射率？"⁴他的推论存在两处大胆的直觉性跳跃思维。首先，长期以来，人们一直以为阳光的发热和发光是完全不同的两种现象，而赫歇尔对此却认为，辐射热是光本身的一种形式或光的副产品。其次，赫歇尔指出，由于越接近可见光光谱红光端，热量就越高，所以在超出可见光光谱的不可见光区域，热量可能还会增强。

他于1800年一篇后续论文中检验了后面这个假设，论文题为《关于太阳不可见射线折射率的实验》（"Experiments on the Refrangibility of the Invisible Rays of the Sun"）。这次，他没有把温度

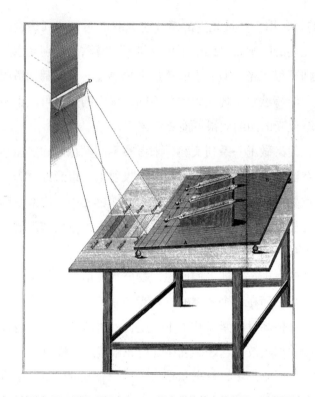

图6 威廉·赫歇尔用于测评可见光和不可见光供热能力的仪器。该插图来自赫歇尔的
论文《关于太阳不可见射线折射率的实验》（1800）

计置于太阳光的可见光谱中，而是把它们放在刚刚超出红色端外的
地方——他发现温度比之前上升得还要多。

如此，赫歇尔发现了现在被称为红外辐射的不可见射线，且其
具备卓越的加热能力。他将其命名为"发热射线"，一开始他做出
了正确假设，认为无论是整个光谱中的可见射线还是不可见射线，
其发光和发热均源于同一现象的两个方面："总之，如果我们把能
照亮物体的射线称为光，把能加热物体的射线称为辐射热，那么进
而就可以质疑，光与辐射热是否存在本质区别呢？作为回答，我认

隐形：不被发现的历史与科学

为我们应运用哲学思维法则，如果能以唯一原因解释某几种效果，就绝不用两个原因解释。"[5]赫歇尔并不是受过专业训练的物理学者，而且在后来的研究中他似乎摒弃了自己的结论，认定热和光终究是不相干的。然而，他最初的假设后来得到了充分证实。下文也会讲到，之所以光谱中某些光线发光性高但发热性低，或反过来，其解释最终都需要对光与物质相互作用有更深入的理解。

实验中，赫歇尔强烈怀疑光谱紫色端之外也一定存在不可见射线，然而他在那里却找不到具备强烈热效应的射线。但他的工作激发了德国科学家和哲学家约翰·威廉·里特（Johann Wilhelm Ritter，1776~1810）继续求索，里特最终发现了除红外线外确实还存在不可见光的证据，这种不可见光后来被称为紫外线。

里特是一位自学成才的科学家，也是18世纪末兴起的德国自然哲学运动的支持者之一。自然哲学派强调依靠直觉而非实验来解释科学上的重大难题，这在很大程度上是对17世纪经验科学的回应。自然哲学派在"直觉"上将自然界中的方方面面视为统一整体，从基本定律到生物体，乃至人类思维的运作方式，都囊括其中。猜测优于实验的观点在19世纪中叶就失宠了，这也在预料之中，但令人意外的是，这种观点同时推动了众多成功的实验研究。我们能看出，当下要建立一套统一的物理学理论体系，用单一基本力去解释观测到的一切现象的做法，正是或多或少地受到了自然哲学运动的影响。

自然哲学派也很重视自然中的极性：既然电荷分正负，磁极有阴阳，那么进一步想象，为什么不能说万物皆有两极呢？水分子对生命至关重要，它就是由氧和氢两种迥异的元素构成的。我们赖以呼吸的空气，也由氧气和氮气这两种特质大不相同的气体组成。

理解这点后，我们就能明白为什么里特坚持要寻找光谱紫光端外的不可见辐射了。如果发热射线在红光端外有加热能力，紫光端外不也该有与之互补的存在吗？里特还特别构想出紫光端存在着具有冷却能力的射线，与红光端的发热射线相抗衡。他的猜测和自然哲学式的臆想虽然是不正确的，却也促成了他后来的突破性发现。

里特找不到他预想中的冷却射线，就转头去找其他可能在紫光端外渐强的基于光的现象。他那个时代的人都知道，某些特定的化学反应是由光触发的，或受光的影响，于是里特研究了不同颜色的光对化学反应的影响。尤其是，人们认为氯化银暴露在阳光下会由白变黑。里特把氯化银暴露在可见光光谱紫光端之外，肉眼看不到那里有光，化合物却仍然改变了颜色，而且反应速度比在可见光下更快。就像光谱红外线部分的加热能力最强，紫外线部分的化学反应速度最快。里特的实验揭示了另一种不可见射线，他称之为"光化射线"。

如今，紫外线和红外线都是常识了。任何温度大于绝对零度的物体都散发着红外辐射，用热像仪就能测量。我们当下面临的全球变暖气候危机正是大气中的温室气体阻拦红外辐射逃逸导致的。太阳可见光可以自由穿过地球大气层，进而由地表吸收并将其转化为热量；地表升温散发的红外辐射，被二氧化碳和其他温室气体形成的壁垒挡住了，无法逃逸回太空中。紫外辐射则会造成晒伤，所以我们去海边玩总得涂防晒乳。

不可见射线这块拼图该如何嵌入物理学大局中，这个问题还要许多年后才能揭晓答案。但就他们的时代而言，赫歇尔和里特的发现揭示了此前人们未曾想象过的隐秘现象的世界。既然存在看不见的光，是否也会有隐形的物呢？

科幻和恐怖故事作家率先思考物理新知识如何能被用于隐形设计或解释隐形现象。其中最早应用不可见射线的人是安布罗斯·比

　　　　　隐形：不被发现的历史与科学

尔斯（1842～1914），一位美国作家、记者、军人和讽刺作家。比尔斯生于俄亥俄州，在印第安纳州长大，虽然家境贫苦，却得益于父母对文学的爱好，自己也热爱阅读和写作。十五岁时，他离家到一家废奴小报当印刷工学徒。后来美国内战爆发，他加入联邦军印第安纳第九骑兵团，参与了若干战役，其中包括血腥的1862年4月希洛战役，交战双方伤亡人数均过万。他后来把自己的战时经历写进了一部回忆录及许多战争故事里。

1864年6月，比尔斯在肯尼索山战役中脑部受伤，只得离开军队。1866年，他短暂地重回军队，并参与了一次全面视察西部军事基地的远征。他最终在旧金山落脚，开始从事他一生中的主要工作——新闻。

1896年是比尔斯新闻生涯中浓墨重彩的一笔，也是他个性彰显的一年。联合太平洋铁路公司和中央太平洋铁路公司获得了用于修建铁路的巨额低息贷款，贷款总额达1.3亿美元（约合当今40亿美元）；中央太平洋公司高管科利斯·亨廷顿（Collis Potter Huntington）前往华盛顿特区，试图说服国会免除公司剩余的7500万美元债务，这等同于把这笔贷款变为赠款。《旧金山考察家报》（San Francisco Examiner）的老板威廉·赫斯特（William Randolph Hearst）反对这项不光彩交易，于是他派比尔斯到华盛顿造势，使亨廷顿陷入舆论漩涡。《考察家报》信心满满地宣布了比尔斯的任务："比尔斯先生是铁路垄断企业在加州遇到过的最强劲对手，我们相信，无论我们在国会是赢是输，他都能给亨廷顿先生和与他同流合污的议员们一通好瞧的。"[6]这一预测非常正确。比尔斯的报道彻底曝光了亨廷顿企图瞒天过海的阴谋，他还以过人的机智不留情面地详细报道了国会的议事进程，此举让亨廷顿及其国会同僚压力倍增。取消铁路债务的计划最终宣告破产，比尔斯被誉为英雄。

据传，比尔斯事先就得到了风声，亨廷顿的人想贿赂他，让他息事宁人。他的回复是："请回去告诉他，我的价码是7500万美元［也就是当时铁路公司所欠贷款］。如果他准备好付钱时，我碰巧不在镇上，可以把钱给我的朋友，也就是美国财政部的司库。"[7]

比尔斯一生共创作249则短篇故事，其中最著名的大多诞生于19世纪八九十年代。例如《枭河桥记事》（"An Occurrence at Owl Creek Bridge"）和《卡尔克萨城的居民》（"An Inhabitant of Carcosa"）这两篇，前者讲述了一个被俘虏的间谍即将接受死刑的超现实战争故事，后者则是关于失落和绝望的超自然故事。

本章开篇引用了比尔斯的《鬼东西》，这则与隐形有关的故事首次出版于1893年。故事分四部分，讲述了对猎人休·摩尔根（Hugh Morgan）血腥诡谲的死亡事件的调查。案发时，证人眼睁睁地看着摩尔根被杀害，却看不到凶手。故事在最后一部分引用死者日记，对神秘现象给出了可能解释，休认为他遇到了超自然的存在，只能把它叫作"鬼东西"。

> 海员们都知道一群在海面嬉戏或晒太阳的鲸鱼虽然彼此相隔数英里远，而且还受地球凸面的影响，竟然可以在同一时间潜入海底，消失得无踪无影。这是由于鲸鱼彼此间发出的信号太低沉，人耳无法听到。即便如此，桅顶和甲板上的水手们仍能感受到信号声带来的振动，好像教堂里的管风琴演奏时，人们能感到砖石在震动一样。

> 既然存在人听不到的声音，自然也存在人看不见的色彩。在太阳光光谱两端，化学家能检测到被称为"光化射线"的存在。这些射线代表着色彩，也是组成阳光的一部分，但我们却感知不到。人类肉眼是有缺陷的仪器；只能辨出真正的"半音

　隐形：不被发现的历史与科学

阶"中的几个八度。我没疯;有些色彩我们确实看不见。上帝保佑!那鬼东西就是不可见的颜色![8]

根据比尔斯的想象,某生物已经进化到由一种具有可见光谱之外颜色的物质构成。正如人们可以想象物体是红色、蓝色或绿色的一样,小说中的"鬼东西"显然是红外线或紫外线的颜色。

在比尔斯的时代,由于科学对于光和物质的相互作用尚未充分了解,无法完全排除这种构想。不过,这在短短几年内就会发生改变。

安布罗斯·比尔斯本人也以完全不同的方式告别了人世。1913年,当时已经七十一岁的他前往墨西哥见证墨西哥革命。在华雷斯城,他以观察者的身份加入了革命军领袖潘乔·维拉(Pancho Villa)的队伍,并随军前往奇瓦瓦城。他在那里给一位朋友寄出最后一封信,此后再无音讯。至今没有任何证据能揭示他的最终命运。

比尔斯关于隐形怪物的故事很可能受到他同时代的法国作家居伊·德·莫泊桑早期作品的影响。莫泊桑是短篇小说大师,一生著作颇丰。小说《奥尔拉》(Horla)是他最著名的作品之一,首次发表于1886年,并于1887年扩写成最终版本。[9]

故事以一位无名叙述者的日记形式展开。叙述者原本在巴黎过着舒心惬意的生活,却逐渐开始怀疑自己受到一个隐形生命体的精神控制,他称之为"奥尔拉"。(图7)叙述者试图用理性去解释这个看不见的折磨者,他回想起曾与他交谈过的一位修道士的话:"我们能用肉眼看到哪怕十万分之一的全部存在吗?比如,这风,大自然中最强大的力量,它能把人吹翻,把建筑吹倒,将大树连根拔起,掀起滔天巨浪,摧毁悬崖峭壁,再大的船只也会因它覆灭；它杀戮、呼啸、呻吟、咆哮——您看见过它吗？您能看见吗？然而，它确实存在！"[10]莫泊桑没有提到不可见光的颜色，但确实提到了自然界中不可见的事物，以此来暗示它的存在。奥尔拉不是一种超自然生物：它会趁叙述者睡觉时享用他的食物。不难看出，比尔斯很可能受到莫泊桑的启发，并用更科学的解释写出了自己的故事。《奥尔拉》带有明显的启示录色彩。小说中的叙述者认为这种隐形生物体代表着进化的下一阶段，是一种超越人类并将取代人类的存在。故事结尾，叙述者得知里约热内卢似乎陷入了一种疯狂状态，当地居民因隐形怪物的入侵惊惧万分，纷纷逃离家园。他回想

图7　奥尔拉折磨其受害者。插图来自《居伊·德·莫泊桑作品集》（1911）

隐形：不被发现的历史与科学

起日记开头，他曾向一艘从房子前驶过的巴西船挥手致意，这才意识到正是这一举动不小心把怪物迎进了家门。最终，叙述者采取了极端的行动，在奥尔拉完全控制他的意志之前捕获并消灭了它。

莫泊桑晚年饱受精神问题的折磨，患有妄想症，而且恐惧死亡。有人认为《奥尔拉》是作者本人与心魔抗争的写照。1892年，莫泊桑被送入精神病院，并于翌年离世。他的死在全世界引起了轰动，文学界对这位重量级人物的逝世表示深切哀悼。莫泊桑的生前好友、小说家埃米尔·左拉（Émile Zola）在他的葬礼上致辞，精辟地总结了莫泊桑命途多舛的一生："他不仅是一名杰出的作家，更是世界上最幸运也最不幸的人之一，我们在他身上感受到人的希望与绝望。这位备受爱戴、饱经苦难的兄弟，如今在你我的泪水之中与世长辞。"[11]

5

光从黑暗中显现出来

他正驾驶那艘完全隐形、时速高达数英里的飞船驶往火星！他一定是从雷区中疾驰而过，但此时此刻这已不再重要。吞噬性解体射线从飞船的墙壁上倾泻而出，早在地雷爆炸之前就将其一口吞食，同时摧毁了每一束可能暴露飞船行踪的光波，使之在耀眼太阳下的敏锐视线之中化为乌有。

——A. E. 范沃特（A. E. van Vogt），《斯兰》（*Slan*），1946

19世纪初，人类对光的本质的理解经历了一场戏剧性变革，这场变革甚至超越了不可见光的发现。1704年，艾萨克·牛顿出版了经典著作《光学》，之后近百年，光学研究一直被牛顿的观点主导。牛顿的工作似乎平息了当时盛行的一个争论：光是由微小粒子组成的流，还是像水或声音一样是一种波？对此，牛顿进行了严谨的实验，以他那个时代所能想到的各种方式测试光的性质，最终得出结论：光是由粒子流构成的。

然而，牛顿的理论无法解释一些奇怪的光学现象。例如，1665年，意大利耶稣会士弗朗切斯科·格里马尔迪（Francesco Grimaldi）

发现，当一束狭窄的光通过不透明屏幕上的狭缝时，会呈现出扩散的现象。这种扩散现象被格里马尔迪命名为"衍射"，源自拉丁语"diffringere"（意为"把东西打碎"）。当时的研究者认为衍射现象对牛顿理论来说并不构成重大挑战，而仅是一个最终会在牛顿体系内部得以解答的小谜题。

然而，1800年，英国科学家托马斯·杨（Thomas Young）发表了其系列论文的第一篇，主张光实际上具有波动性质。这一研究开启了波动光学的新时代，一直延续至今。

托马斯·杨于1773年出生在英格兰萨默塞特郡米尔弗顿村，自幼便展现出非凡的才华。他两岁能够流利阅读，四岁时已经读完两遍《圣经》。他精通多种语言，十几岁时就将《圣经》部分内容翻译成13种不同的语言。十四岁时，杨甚至担任了一位家族朋友的家庭老师。[1]

不过，语言并不是杨唯一的兴趣所在。他广泛阅读自然哲学书籍，尤其对光学研究和实践"特别着迷"[2]。在青少年时期，他在学校工作人员的帮助下学会了设计和制作望远镜。

尽管杨在学术上涉猎甚广，但他最初的职业选择是医生。他的叔父理查德·布洛克斯比（Richard Brocklesby）是伦敦颇有声望的一名内科医生。杨在少年时期生过一次重病，布洛克斯比曾为他治疗，救了他的命。不过，杨立志从医并不仅仅出于感恩：通过追求医学事业，他可以从叔父那里顺利继承一笔遗产，从而获得经济上的保障。因此，杨于1793年进入创立于1123年的著名的伦敦圣巴塞洛缪医院学习。[3]

研读医学之余，杨也不忘关注光学领域的问题。在研究解剖学时，他关注到视觉方面的一个尚未解决的难题：生物的眼睛在注视不同距离的物体时，是如何自我调节或适应，从而得到清晰的物体图像的？通过解剖阉牛的眼，杨得出结论：肌肉作用会调节眼睛晶状体的形状，从而相应地改变晶状体的聚焦性能。杨就该问题撰写了一篇论文，并于1793年5月30日提交给了伦敦享有盛誉的英国皇家学会。这篇论文最初获得了很好的反响，杨也因此于次年成为了皇家学会会员，年仅二十一岁。

杨的论文《对于视觉过程的观察》（"Observations on Vision"）很快就遭到了争议和谴责。[4]同行竞争对手认为杨的结论是错误的，因为他们在自己的研究中并未观察到眼睛晶状体有任何变形。此外，一位名叫约翰·亨特（John Hunter）的著名外科医生声称，杨无意间听到了他对眼睛的讨论，并剽窃了他的观点。虽然剽窃指控很快被驳回，但杨还是暂时放弃了对人眼的研究，听从了该领域专家的意见。这次让步也在后来给杨带来了额外的困扰，尽管最终科学证明他关于眼睛调节机制的解释是正确的。

为了完成全面医学教育计划，杨前往爱丁堡医学院继续学习，并在之后前往德国哥廷根大学攻读博士学位。但杨并没有在哥廷根久留。他和叔父弄错了在伦敦行医所需的条件：若要成为英国伦敦皇家内科医学院院士，需在伦敦的医学院居住满两年。得知此事后，杨匆忙完成了在哥廷根的学业，最终只在那里待了九个月。

根据哥廷根大学的学位要求，杨必须完成一次医学相关的讲座。他选择了人类的发声机制作为主题，这使得他开始研究声波的性质。在研究过程中，杨惊讶地发现声音和光的现象有相似之处。尽管研究者们早已盖棺定论，认为光不具备波动性质，但光和声音之间的相似性是如此惊人，似乎不仅仅只是巧合，这促使杨去探索光实际上是一种波的可能性。

获得哥廷根大学学位后，杨进入剑桥大学伊曼纽尔学院，开始他学业的最后阶段，两年后于1799年秋季毕业。之后，他按照计划

隐形：不被发现的历史与科学

在伦敦开始私人医疗实践。然而在那个时代，私人行医发展缓慢，很难快速积累人气，这留给了杨充足的空闲时间去思考那些多年来一直困扰他的科学问题。

杨开始致力于撰写一系列包括声波性质等主题在内的科学文章。这些文章发表在《不列颠杂志》（*British Magazine*）上，均以笔名"显微镜学家"（The Leptologist）署名。由于过去杨在分享他的科学观点时曾当众出丑，他似乎将使用笔名看作一种重新参与辩论而不冒险损害声誉的方式。1800年1月，杨在英国皇家学会上发表一篇题为《关于声和光的实验和探索纲要》（"Outlines of Experiments and Inquiries respecting Sound and Light"）的文章，正式重新加入了科学讨论。[5]杨在文中主要分析了声波及其行为，同时指出了声音和光的相似之处，这预示着他未来的研究方向。同年晚些时候，杨在英国皇家学会《哲学汇刊》（*Philosophical Transactions of the Royal Society*）上发表《关于眼睛的机制》（"On the Mechanism of the Eye"）一文，重新阐述了他有关眼睛晶状体性质的假设。[6]

为进一步开展自己的科学活动，杨在1801年接受了英国皇家研究院（The Royal Institution）自然哲学教授的职位。该组织当时成立仅两年，旨在促进科学教育和研究。有了这个新身份，杨把精力集中在研究声音的性质以及声音和光的显著相似之处上。若要理解杨的发现，我们现在需要花点时间讨论究竟什么是"波"。用专业术语来说，我们可以将波描述为"某种东西"的振动，它把能量从一个地方传输到另一个地方，但其本身保持不动。水波是波最简单的可视化例子，因为它的运动速度较慢，可直接用肉眼观察，并且具备其他波（如声波、光波）的所有性质。

把一块石头扔进池塘，以石头入水处为中心会产生向外扩散的波纹，通常表现为某一区域水平面高低不同、连续上下起伏。这些波纹可以在水面上传播很远的距离，直至完全消散，并能扰动水面上的物体（如树叶或水禽）。这种能够移动远处物体的能力说明波能传递能量。然而，石头入水处并没有向外扩散的水流，水位（对水波来说的"某种东西"）只在原处上升或下降，而水本身并不会从石头入水处流走。这种行为和河流中水的运动不同。河流中的水实际上是作为一个整体向下游流动，最终汇入湖泊或海洋。

波的另一个例子是一根绷紧的弦或弹性体的振动，如吉他的琴弦（或经典弹簧玩具"彩虹圈"）。拨动吉他弦时，这种振动会传递到整根琴弦。波将能量传递至整根弦，而弦本身的位置保持不动，仍牢牢地固定在吉他上。

这种简单重复的上下运动构成了波的最简单形式，在数学中呈现为正弦波形。（图8）光学中则被称为单色波，即单一颜色的波。

当我们观察弦上的某个单一点的运动变化时，可以发现波会交替进行上下运动。这类似于我们坐在停泊于码头的船上时，能感受到船在波浪中的上下起伏。波峰之间的时间间隔称为波的周期，其倒数称为频率，表示每秒钟波峰的数量。

如果在一个固定时间点对整根弦拍照，我们将得到类似的图

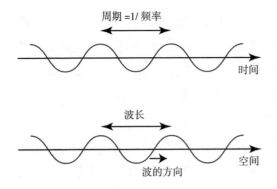

图8 沿一根弦传播的单色波

像：弦出现上下交替波动。波峰之间的空间间隔称为波长，代表了波在单一上下振动周期的物理长度。

对于声波而言，正在波动的"某种东西"是空气分子的密度。这些高密度和低密度的交替区域经由空气传播，引起耳膜的振动，从而产生了我们感知到的声音。需要强调的是，这种运动与空气分子在空间中的传输有所不同，后者我们通常感知为风或微风。在音乐中，中央C的频率为261次/秒，对应波长为132厘米。高音具有更高的频率和更短的波长。

杨注意到声波的一个特性，这在今天被称为共振现象。当声音在封闭空间中产生时，如果其波长与该空间完美适配，那么声波则会互相叠加，变得更响。如果你曾经感到在淋浴间唱歌听起来更好听，那么你已经体验到了声波的共振现象：淋浴间的墙壁形成了一个封闭空间，会增强特定的音调。共振波实际上并不会移动，而只在其限定的空间中振动，我们称之为驻波。

共振的一个简单例子就是管风琴的发声。管风琴的音管两端均有开口，能够自然适应其内部的声波，使之在每个端点达到最大值或最小值。这意味着管内所能产生的最低音调，其波长为管长的

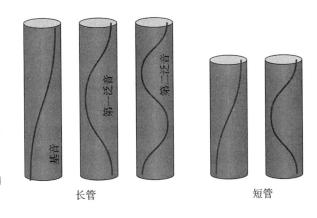

图9 管风琴长管和
短管中的共振波

长管　　　　　　　　短管

一半。（图9）这种长度的波将会随着时间的推移迅速增强，产生响亮、清晰的音调。波长较短的波同样也会在管内产生共振，前提是它们的波长在音管两端也达到最大值或最小值。这意味着音管内部有众多波长不一的波发生共振。波长最长的音称为基音，波长较短的音则称为泛音。基音通常最为响亮，定义了音符的独特音高。基音和泛音相得益彰，形成了管风琴的独特音色。

共振是大多数管乐器的发声基础。举例来说，演奏长笛或短笛的音乐家通过打开或按住乐孔，使乐器变成一个或短或长的空心管，以此来改变演奏的音高；铜管乐器，如小号和大号，则通过开闭阀门来改变声音的方向，使之通过较长或较短的路径，从而相应地改变共振频率。

杨从管风琴的共振原理中找到了一个光学现象的解释。艾萨克·牛顿曾在《光学》中详细讨论过这个现象，并将其命名为"牛顿环"（Newton's rings）。牛顿将一个曲率半径很大的玻璃透镜放在一块平坦的玻璃板上，观察到从中心向外辐射的彩色圆环。这些圆环非常微小，但可通过显微镜来放大观察。（图10）

牛顿将彩色圆环解释为光在透镜和玻璃板之间来回反射和折射的一系列复杂过程的结果。然而，杨看到了另一种可能性：如果光是一种波，那么从中心向外厚度递增的空气层可被视为光的一组管道，类似于管风琴中的风管。因此，牛顿看到的颜色实际上是光波在不同厚度的空气层中共振的结果。不同颜色的光代表了具有不同波长和频率的光波。通过观察图示中的古典管风琴以及牛顿环实验中空气层的模拟管道，我们可以想象杨是如何受启发而得到这一想法的。（图11）

杨在《关于声和光的实验和探索纲要》一文中首次暗示了这种可能性。在"光与声的类比"这一章节中，他指出牛顿环和管风琴

隐形：不被发现的历史与科学

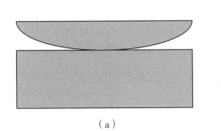
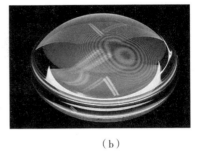

（a） （b）

图10 （a）牛顿实验装置的侧视图（透镜的厚度被放大）；（b）从上方观察到的环，通过上方透镜的曲面放大

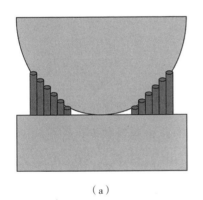

（a） （b）

图11 （a）牛顿环实验中的虚拟管道；（b）巴黎圣日耳曼德勒奥克罗教堂的管风琴

的相似性，并重新引入数学家莱昂哈德·欧拉（Leonhard Euler）最初提出的观点：光的颜色是光波频率的可见表现形式。红光具有最长的波长，紫光则具有最短的波长。

杨还澄清了自牛顿时代以来一个关于波的常见误解，这也是牛顿反对光的波动性的论证之一：波在产生后会朝所有方向均匀扩散。牛顿指出，对于已知的波，例如石头投入池塘后产生的水波，该结论是正确的。然而，人们观察到光具有高度的定向性，例如阳光透过乌云照射时所形成的"云隙光"，这种光通常也被称为"上帝之光"。

杨认为牛顿错了：虽然声波的确会朝所有方向扩散，但它们也可以具有高度定向性。他提供了几个例子，不乏幽默地指出："众所周知，如果一个人用喇叭呼叫另一个人，他会将喇叭口对准听者所在的方向。我从一位非常有声望的皇家学会成员那里得到保证，一个面朝炮口的人，他所听到的炮声会比相反方向的人要响得多。"[7]因此我们有理由认为，光波也可以在不显著扩散的情况下传播。光波甚至不需要像管风琴一样的"管道"就可以产生牛顿环的色彩。

1801年11月12日，杨在英国皇家学会著名的贝克里安讲座（Bakerian Lecture）上做了题为"光和色的理论"的演讲。[8]

在演讲中，杨提出了关于光的波动性的全面理论。其中一个重要成就是他利用牛顿环空气层厚度的原始测量数据，估算出不同颜色光的波长和频率。例如，他计算出红光的波长为6.75亿分之一米，频率为463万亿次每秒；蓝光的波长为5亿分之一米，频率为629万亿次每秒。考虑到术语"红"和"蓝"指的是一系列不同的频率和波长，杨计算得出的数字放在现代标准下也相当合理。光波的高频率和短波长在一定程度上也解释了为什么人们此前没有发现光的波动性：光的振动速度太快、幅度太小，以至于人眼在一般情况下无法观察到。

杨使用牛顿的测量数据和实验观察，并非仅仅出于礼节，他深知批评这位传奇人物可能会激起公众对自己的强烈反对，将他视为轻狂的新秀。杨在论文中极力指出，牛顿的实验和假设可以用来支持光的波动理论。可以说，他实际上试图把这项发现的一部分归功于牛顿本人。

杨提出的众多假设中，很容易被忽视的一条是，波与波相遇时会发生什么。这一假设后来被称为干涉定律，这是波的最重要的性质之一。他写道："当两个来自不同起点的振动运动在方向上完全一致或接近重合时，它们的共同作用等于它们每一个振动单独所发生的作用之和。"[9]以水波为例，我们可以想象两组单独产生的波浪在某一点相交。如果两个波浪同时向上移动，它们的作用将结合形成一个更大的波浪；如果一个波浪向上移动，另一个波浪向下移动，它们的作用至少会部分抵消，成为一个小于先前两者的波浪。在今天的物理学中，前一种情况被称为建设性干涉，后一种情况则被称为破坏性干涉。

　　如图所示，两个方波正沿着同一根绳子向彼此的方向传播。（图12）如果两个波脉冲同时"向上"运动，它们会在交汇时相互叠加；如果其中一个"向上"，另一个"向下"，它们则会相互抵消。但需要注意的是，这些波并不会消灭对方，它们在经过彼此后仍将以不变的方式继续前进。换句话说，它们在经过时相互"干涉"。

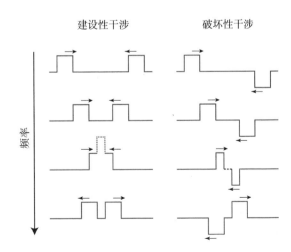

图12　两个沿彼此方向传播的波发生干涉，分别构成建设性干涉或破坏性干涉。虚线区域表示波重叠和干涉的区域

杨运用干涉定律解释了许多光学系统中意外出现的颜色，包括牛顿环以及从抛光表面的平行划痕上散射出去的光，后者如今被称为"衍射光栅"。

你曾看到的CD或蓝光光盘的亮面反射出的那种鲜艳彩虹色，就是衍射光栅。光盘的数据也储存在光栅的微小凸起和凹槽之中。

1802年7月，杨向英国皇家学会提交了一篇跟进论文，文中提出一项新的观察结果：光线在绕过一根细纤维或毛发时会出现彩色的带状图案。[10]杨在纸板上剪了一个小孔，将纤维从小孔中心穿过并固定住，当远处光源透过小孔时，他观察到纤维两侧出现了平行的彩色光带。杨解释说，这些彩色光带是光波在纤维两侧传播时发生干涉的结果。由于不同颜色的光具有不同波长，其"上""下"部分在空间中的交叉点也并不相同，从而导致不同位置会出现不同颜色。

杨的研究并未就此止步。1803年11月，他在贝克里安讲座上发表题为"物理光学的相关实验和计算"（"Experiments and Calculations relative to Physical Optics"）的演讲，展示了自己有关光的干涉现象最有力的实验。[11]这次实验是"杨氏双缝实验"（Young's double slit experiment）或"杨氏双孔实验"（Young's two-pinhole experiment）的首次粗略演示。杨在百叶窗上开了一个小洞，让一小束光线射入房间，并在其路径上放置了一张厚约1/30英寸（约0.8毫米）的薄纸片，使这束光从中间分成两束，分别向彼此的路径传播。叠加的光波被投影到远处的屏幕上。于是，薄纸片所投下的阴影中就出现了数条彩色光带。杨认为，这些彩色光带是光的波动性的确凿证据。

杨的实验随着时间的推移不断完善。在他后来的著作《自然哲学与机械工艺讲义》（*A Course of Lectures on Natural Philosophy and*

　　　　　　　隐形：不被发现的历史与科学

the Mechanical Arts，1807）中，他用"两个极小的孔或狭缝"替代了原先的薄纸片。[12]这一布置使形成观察屏幕上的图案的光源仅来自小孔，进而使干涉图案更明晰。在这本书中，杨通过一张精美的图片展示了光波穿过两个小孔产生干涉的过程。（图13）

图示中，A和B代表两个小孔。光波通过两个小孔，呈圆形波纹开始扩散并最终叠加。如果我们将每个波纹的白色区域看作波的"上"部分，黑线区域看作波的"下"部分，那么当一个光源的黑线区域与另一个光源的白色区域相交时，就会出现图像中的黑暗区域，即完全破坏性干涉区域，它在观察屏幕上的C、D、E、F点呈现出条纹图案。如果使用单色光源照亮小孔，观察屏幕上的图案则将由一系列明暗线条组成，分别代表建设性干涉区域和破坏性干涉区域。

杨还进行了另一项非常有趣的重要观察。1800年，德国天文学家威廉·赫歇尔发现了可见光谱之外的不可见热辐射——红外线。次年，化学家约翰·威廉·里特发现了紫外线辐射，它位于可见光谱紫端之外，并可通过化学反应来检测。杨用紫外线再现了牛顿环

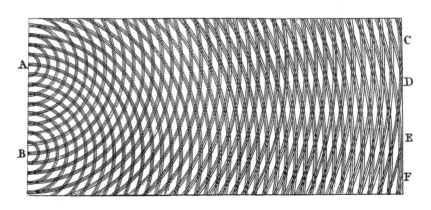

图13　托马斯·杨的干涉实验。插图来自杨，《自然哲学与机械工艺讲义》（1807）

实验，并通过浸泡在硝酸银溶液中的纸张（类似于照相纸的感光原理），说明紫外线也会产生干涉现象。杨因此证明了光的波动性质可以延伸至可见光谱两端之外，并推测红外线也具有相同性质。

杨的研究似乎至少得到了研究界礼貌的接纳。正如我们所见，他在四年内被邀请做了三次贝克里安讲座，其中两次讲他的光学理论，一次讲眼睛的调节机制。然而，这些并未能使他的观点得到广泛认可。

为了避免争议，杨极力在他的研究中对牛顿予以高度评价。但争议还是找上了他，原因出乎意料——祸起于他早期文章中的不慎发言。在他用笔名"显微镜学家"发表的一篇文章中，杨有些轻率地批评了"爱丁堡的一个年轻绅士"，称其重新发现了多年前就已广为人知的东西。这位"年轻绅士"名叫亨利·彼得·布鲁厄姆（Henry Peter Brougham），他和杨一样，从小就对光学感兴趣，并为英国皇家学会写了几篇有关光学的论文（布鲁厄姆于1803年成为英国皇家学会会员）。然而，与杨不同的是，布鲁厄姆是牛顿的忠实信徒，他无法忍受杨对自己和牛顿发起的一系列所谓的攻击。1802年，布鲁厄姆创办了《爱丁堡评论》（*Edinburgh Review*）杂志，并于1803年在该杂志上匿名发起了一系列针对杨的光学研究的恶意攻击。

例如，针对杨的《光和颜色的理论》（"Theory of Light and Colours"）一文，布鲁厄姆这样写道："这篇文章没有值得称之为实验或发现的东西，实际上它没有任何价值，我们应该将其归入每年誓要发满两至三卷的那种学会论文中的平庸之流。"[13]对于杨在1802年发表的有关纤维周围产生的颜色的论文，布鲁厄姆几乎是幸灾乐祸地声称：杨重新发现了众所周知的事实，一如杨先前指责他的那样。他写道："我们很遗憾地发现，杨博士在观察和实验方面并不比他在构建理论上更有建树。他所谓有关颜色的新发现已经被观察过千百次，他只给出了一个荒唐、不合逻辑的解释，除此之外，一无是处。"[14]尽管这些攻击事实上大部分都是基于错误和误解，但这无疑伤害了杨的自尊心。1804年，杨出版了一本名为"答复爱丁堡评论家的攻击"（*A Reply to the Animadversions of the Edinburgh Reviewers*）的小册子，对布鲁厄姆的言论做出答复。从开头的几句话就可以清楚地看出，两人间的争论已远远超出了纯粹的科学争论：

> 一个珍视自我人格尊严的人，纵然有时因刻意诽谤而神伤，但大致会认为，默默忍受这短暂的侮辱，要比费时费心去反驳恶语或惩罚中伤者，却妨碍了自我的追求更为明智。然而，恶语也会以辞令技巧粉饰，把极荒谬的曲解伪装成公正诚实的评判。[15]

杨不仅捍卫自己的科学观点，还驳斥了对他人品的攻击。过去，他曾因新信息的涌现而撤回后又重新提交了他有关眼睛机制的观点。布鲁厄姆则利用这一点将杨描述为一个对待科学问题迟疑不决的人。作为回应，杨详细阐述了这场争议的完整经过，并解释了当时为什么他会采取那样的行动。然而，杨似乎从一开始就被困扰着他的科学努力的争议击垮，最终宣布回归医学界的意向：

> 我对通识科学的追求将以这项工作为终结。此后，我决定将我的研究和写作限定在医学领域。对于上帝未曾赐予我的才能，我不负责任，但对于我拥有的才能，我不曾辜负，迄今为止一直悉心培养并加以运用。我将继续以勤恳和沉稳的态度，

将其应用于这项一直是我所有努力最终归属的事业。[16]

之后一段时间内，除了出版他的著作《自然哲学讲义》（*Course of Lectures on Natural Philosophy*）外，杨确实重回了医学领域。他在1803年辞去了皇家研究院的职务，并最终在1811年获得了圣乔治医院的医师认证。光学研究者们继续将光看作一种微粒子流而非一种波。然而，杨的光学理论很快将得到惊人的证实，并由此奠定了他作为19世纪最伟大的科学家之一的地位。

干涉定律是托马斯·杨对光学领域最著名的贡献。多年后，法国科学家弗朗索瓦·阿拉戈（François Arago）在1835年的一篇关于杨的传记回忆录中深情地描述了这一定律，他写道："太阳的无垠光芒之中竟蕴藏着黑暗，谁见了不为之惊叹？黑暗竟会诞生于光与光的叠加，谁又能想出如此奇思？"[17]

当时的研究者未曾想到的是，杨的干涉定律也为隐形理论带来了一次巨大飞跃。干涉现象表明，光波会在适当的情况下相互抵消。最终，一种新型干涉形式会成为创造隐形物体的关键物理学依据之一。

6

光线绕行

柯蒂斯·沃特雷来自家族尚未没落的那一支，当阿卡姆一队人马在一片收割过的狭长田地上绕行时，他正在用望远镜瞭望。柯蒂斯告诉村民，阿卡姆的人一定想爬到一个次峰上，在那里能越过脚下蜿蜒的灌木丛俯视这片田地。接下来发生的事情证明了这的确是个明智之举；那个看不见的怪物越过峰顶没多久，众人也看见阿卡姆他们爬上了峰顶。

这时，从柯蒂斯那里接过望远镜的卫斯理·科里大声喊道，阿米蒂奇正在调整里斯拿着的喷雾器，肯定要发生什么了。村民不安地骚动起来，因为他们记得那只喷雾器据说能让看不见的恐怖怪物短暂现形。两三个人闭上了眼，但柯蒂斯·沃特雷夺过望远镜，睁大眼睛观察。柯蒂斯看见阿卡姆他们利用地形来到了怪物身后的高处，里斯机会正佳，可以向那怪物喷洒效果神奇的粉末。

——H. P. 洛夫克拉夫特（H. P. Lovecraft），《敦威治恐怖故事》（"The Dunwich Horror"），1929

在杨的努力之后，光的波动理论似乎再次蛰伏，但在幕后，还有一些人依旧追随着杨的步伐，并发展出有力的数学理论来验证杨的观测数据。这些努力将使人们对光的本质产生令人惊讶的新见解，而这些将从一场竞赛开始。

1817年3月17日，法国科学院宣布，衍射现象——光通过小孔后的扩散现象——将成为1819年颁发的物理学奖的悬奖项目，该奖项一年颁发两次。这些大奖赛的目的是刺激物理学的创新，推进对悬而未决问题的研究——那时衍射还是个谜。二十八岁的土木工程师奥古斯丁·让·菲涅耳是参赛者之一，他提出了一个综合光波动理论，并通过实验验证了自己的理论。

和杨一样，菲涅耳长期以来一直对光学问题感兴趣。他也有闲暇来探索这些问题，只是所处的环境截然不同。拿破仑·波拿巴在1814年被流放到了厄尔巴岛上，他于1815年2月越狱，一心想要夺回王位。菲涅耳加入了抵抗拿破仑的保皇党，但因为生病而没有直接参与行动。拿破仑重登皇位之后，菲涅耳遭到了排斥，被软禁在母亲的家中。在这段被限制自由的时间里，菲涅耳开始对光学做了一系列的研究。甚至在拿破仑1815年年中再次被废黜，菲涅耳恢复了土木工程师的工作之后，他的研究也没有中止。在接下来的几年里，菲涅耳为了推进光学研究，还多次跟所在机关请假。

菲涅耳早就为光是一种波的理论着迷。在研究过程中，菲涅耳与法国物理学家弗朗索瓦·阿拉戈建立了通信关系，阿拉戈指导他研究托马斯·杨的成果。阿拉戈指出，菲涅耳不经意间重复了一遍杨曾经采纳的许多步骤，但总体而言，阿拉戈还是鼓励这位年轻的工程师的。当法国科学院宣布1819年物理奖的悬奖主题是衍射现象时，阿拉戈说服菲涅耳将他的波动光学数学理论拿去参赛。

评奖委员会聚集了那个时代最伟大的物理学家：弗朗索瓦·阿

拉戈、皮埃尔-西蒙·拉普拉斯（Pierr-Simon Laplace）、西莫恩-德尼·泊松（Siméon Denis Poisson）和约瑟夫·路易·盖-吕萨克（Joseph Louis Gray-Lussac）。1818年7月29日，菲涅耳提交自己的参赛作品后，委员会对其进行了详细的考证。泊松是光的粒子理论的支持者之一，他发现当推测光如何在从一个不透明的圆盘向四周衍射时，菲涅耳的新波动理论就暗含一个很奇特的结果。泊松表示，根据干涉定律，实验者会期望在圆盘投射的阴影里出现一条与圆盘轴线对齐的亮线，原因在于从圆盘所有边缘衍射出来的波应该在这条轴线上发生相长干涉。对于光的粒子理论的支持者来说，这一结论是荒谬的——光怎么可能奇迹般地出现在阴影的中心呢？但阿拉戈做了实验，证实了亮线就是出现在那里，正如菲涅耳的理论所预测的那样；现在，这个光斑通常被称为阿拉戈光斑（又称泊松光斑）。

1819年3月15日，在法国科学院的一次会议上，大奖颁给了菲涅耳以表彰他的成果。单凭这个奖并不能让人们相信光就是波，但这个理论后来能广为流传，却是以这次获奖为转折点的。阿拉戈光斑的发现表明，波动理论不仅可以解释现有的实验观测数据，还可以预测新的现象。这促使其他研究人员探索其可能性，支持波动理论的新证据不断增加，最终连牛顿的粒子理论最坚定的支持者也不再发声辩驳。光的波动理论时代就此开启。

菲涅耳后来在光学领域取得了惊人的成功，以他的名字命名的七个光学概念就是明证。1822年底，菲涅耳的健康状况开始恶化，并被诊断出患有结核病，他的职业生涯因此中断。为了减轻身体的负担，延长自己的生命，菲涅耳减少了工作量，专注于开发一种集中灯塔光束的轻质透镜。他发明的这种透镜至今仍在使用，被称为菲涅耳透镜。尽管工作量减少了，菲涅耳还是于1827年7月去世，年仅三十九岁。

尽管在菲涅耳进行衍射研究期间，托马斯·杨已经退出了光学公开讨论的舞台，但他私下里仍然很活跃，事实上，在人们接受光是波的过程中，杨发挥了关键作用。上文提到，菲涅耳在1815年第一次尝试解释衍射之谜时，他与阿拉戈的通信引导他直接写信给杨。菲涅耳联系杨，部分原因是为自己无意中复制了杨的研究成果而道歉。阿拉戈后来对光的波动理论的可能性产生了浓厚兴趣，1816年他与物理学家约瑟夫·路易·盖-吕萨克一同拜访了杨。这两位法国科学家以为，他们带来的新研究成果可以增强杨的理论，但是杨指出，他在几年前就已经解释过这些现象。这引出了光学史上我最喜欢的一幕：

> 在我们看来，这一论断毫无根据，随后又进行了一场漫长而又非常详细的讨论。杨的太太当时也在场，但并没有表示要参与讨论——以免被嘲讽为"女学者"（bas bleus）[1]，英国女士在陌生人面前都很拘谨。直到杨太太冷不防离开房间时我们才意识到自己的失礼。我们刚要向她丈夫道歉，就看见她夹着一本很大的四开本书籍回来了。那是杨的《自然哲学讲义》第一卷。她把书放在桌上，一句话都没说，直接翻到第387页，用手指着一张图。图上显示，刚才讨论的主题——衍射带的曲线路径，在理论上已经建立起来了。

当时还有一个与光相关的未解之谜，就是偏振现象，阿拉戈和盖-吕萨克的来访为杨带来了偏振研究的最新成果。几个世纪以来，人们已经注意到，光穿过一种被称为冰洲石（专业上称为光学方解石）的透明晶体时，会产生两幅影像，无论晶体背后是什么。（图14）

隐形：不被发现的历史与科学

图14　穿过光学方解石的双折射

　　无论是"光为波"的支持者还是"光为粒子"的支持者，都无法对这种双重影像给出令人满意的解释，其中显然涉及穿过晶体的光有一半以一个角度折射，另一半以另一个角度折射。这种现象被称为"double refraction"（双折射），或者用更专业的术语"birefringence"（双折射）。

　　1808年，法国物理学家艾蒂安·路易·马吕斯发现了有关双折射本质的重要线索，当时他碰巧透过一块冰洲石看到反射在巴黎卢森堡窗户上的夕阳。令马吕斯惊讶的是，他发现的两幅影像中，一幅比另一幅亮得多，而通过旋转手中的晶体，他可以使任何一幅影像更亮。马吕斯很快就发现，光从玻璃上某个特殊角度反射出来，在冰洲石上只会产生单幅影像；他把只产生单幅影像的光称为"偏振光"。从水平放置的玻璃上反射出来的光被称为水平偏振光，而从垂直放置的玻璃上反射出来的光被称为垂直偏振光。菲涅耳和阿拉戈共同工作，用一系列实验证明在杨的实验中，垂直偏振光和水平偏振光混合，用不同的偏振来照射每个针孔，也不会产生干涉图案；不知何故，不同偏振的光也不会产生干涉。

对于这些效应，杨想出了一个可能的解释，他又开始用声波做类比。研究人员发现，声波在穿过一块木头（尤其是苏格兰冷杉）时，沿木头纤维传播的速度要比穿过木头纤维传播的速度快。杨和许多研究人员一样，推断冰洲石中一定发生了类似的情况——晶体内部必定有某种结构，使得光沿着一个方向比另一个方向传播得更快，从而产生了两种不同的折射率。然而，这并不能解释为什么冰洲石在光线穿过时产生两种影像。

1816年末，杨终于找到了解决方案，并于1817年1月12日通过信件告诉了阿拉戈，这是对光的理解的又一个重要的里程碑。杨认为，光是一种横波，它的振动垂直于波的传播方向，而声波的振动则是沿着波的传播方向。

这种情况的最好可视化方法是利用传统的卷曲电话线，这种电话线现在已经很少有人使用了。（图15）[2]我们设想将这根线的一端固定在远处的某个物体上，并拉紧另一端。首先抓住电话线的一端，把它朝自己方向拉紧，然后松开一点，这就会在绳子被拉伸和压缩的区域交替产生波动，这就是纵波，就像声波一样；振动沿着绳子传播，与波传播的方向相同。然而，我们也可以上下摆动绳子的自由端：绳子的波也是上下摆动的，这与波本身从近到远的传播方向垂直。这就是横波的一个例子。但我们也可以左右摆动绳子，产生同样是左右摆动的波；这是另一种横波，且不同于上下横波！

这是杨对双折射现象的解释：光是横波，对于光传播的任何方向，都有两种可能的偏振。自然光，例如阳光，一般由这两种偏振混合而成，为了简单起见，可称之为"上下偏振"和"左右偏振"。晶体本身的内部结构对这两种偏振有不同的反应——晶体被称为具

　　　　　隐形：不被发现的历史与科学

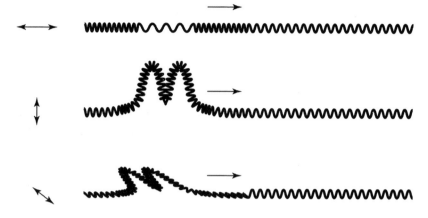

图15　分别在电话线上产生纵波和两个不同的横波。（如果还有人知道什么是"电话线"
的话）

有各向异性结构。"各向异性"（anisotropic）这个词来自希腊单词
"anisos"（不平等）和"tropikos"（转向）。因为这两种偏振在晶体
中的传播方式不同，所以会产生两个不同的折射波和两个不同的影
像。杨的解释已被证明是正确的，光偏振的横波特性在光学及其应
用中都很重要。

　　虽然杨后来没有再次成为全职科学家，但他对光学理论的基本
贡献是不可否认的，并得到了全世界的认可。19世纪20年代，他被
选入美国、法国、瑞典和荷兰的科学院。

　　正如他早期的博学多才一样，杨在晚年探索了各种不同学科。
他写了几本有影响力的医学书籍，并为《大英百科全书》撰写了包
括光学在内的众多条目。他在许多公共委员会和机构任职，其中一
个委员会负责研究煤气灯引入伦敦可能带来的危险。他还发挥自己
在语言方面的天赋，致力于破译当时仍很神秘的埃及象形文字。

　　杨在五十六岁时去世，他是那个时代公认的独一无二的天才。
1834年，一座白色大理石纪念碑竖立在威斯敏斯特教堂，墓志铭

是哈德森·葛尼写的，他是杨多年前辅导过的家族好友。墓志铭上写道：

> 纪念托马斯·杨，医学博士，法国国家研究所皇家学会会员兼外交秘书；一位在几乎所有学科都有杰出贡献的人。他具有不间断工作的耐心和直觉感知的能力，同时掌握了最深奥的文学和科学，既是建立光的波动理论的第一人，也是最早揭开尘封多年的埃及象形文字神秘面纱的人。他因为家庭的美德而受到朋友的爱戴，因为无与伦比的学识而受到世人的尊敬，他逝于正义复活的希望中。1773年6月13日出生于萨默塞特郡米尔弗顿，1829年5月10日去世于伦敦公园广场，享年五十六岁。

杨所发现的光的横波性质，对科学的重要性不亚于他的干涉定律，因为这一发现回答了许多关于光的物理问题，并为未来的科学家提出了新的问题。而双折射现象和体现这种现象的冰洲石也将成为使隐形更接近现实的重要工具。

7

磁铁、电流、光，大发现！

这水晶管显现了电子束
那种光学般的绝对纯净，
没有灰尘，没有雾。
且慢！这还远非它的全部，
那天蓝色的微光又是何物？
它的气动形态如此生动，
是何方的神秘鱼儿来此光顾，
幽灵般地在虚空中闲庭漫步？

——詹姆斯·克拉克·麦克斯韦（James Clerk Maxwell），
《致纳布拉琴圣手》（*To the Chief Musician upon Nabla*），1874

像大多数重大科学发现一样，对光的波动性质的认识最终解答了许多问题，但同样也引发了许多新问题。一个即刻产生的问题便是：在光波中，是什么在"波动"？在水波中，水在波动，而在声波中，波是通过空气分子的振动来传递的。在振动的弦上，弦本身上下振动，携带着波。但在托马斯·杨的时代，人们还不清楚是什么被扰动而产生了光波。人们类推先前提到的例子，假设有某种物质弥漫在空间中，携带着光振动，由于这种物质的量是神秘无形的，故称之为"以太"。但对于"什么在光中波动"这一问题，一个好答案需花费60年的研究和思索才能得到，人们才会认识到光是一种以前无法想象的东西：是电场和磁场在空间中相互维持的扰动。今天，我们把光称为电磁波，并认识到红外线和紫外线只是不同频率的电磁波。这些发现的第一个迹象在1820年的一次实验中揭露，这次实验由一位丹麦哲学家进行，并在科学史上有着独一无二的地位。

几个世纪以来，科学家和自然哲学家一直认为电和磁是自然界中两种截然不同的现象。电与寒冷，干燥的日子里的小电击、雷击以及用动物皮毛摩擦琥珀棒可以产生的微弱吸引力有关。磁则与指南针和条形磁铁等物品有关。带电的物体似乎完全互相吸引或排斥；磁性物质具有南北两极，同性相斥，异性相吸。

有许多孤立的实验暗示了电和磁之间的联系：本杰明·富兰克林通过放电使针磁化；水手们偶尔报告说，他们的船被闪电击中后，罗盘针的极性发生了逆转。此外，大家都知道电和磁都有着相似的吸引力和排斥力。然而，其他的实验都没有得出定论，大多数著名科学家都不认为这两者之间有重要的联系。托马斯·杨在他的《自然哲学》（1807）一书中写道："没有理由想象磁和电之间有任何直接的联系，除非电也可以影响铁或钢的磁性传导能力，就像加热或搅拌可以影响磁性传导能力那样。"[1]

丹麦哲学家汉斯·克海斯蒂安·奥斯特（Hans Christian Oersted 1777~1851）进入了这一领域。奥斯特是药剂师的儿子，早年在父亲的店里工作时就对科学产生了兴趣。他早期的教育来自自学，这

　　　　　隐形：不被发现的历史与科学

对他很有帮助：1793年，他进入哥本哈根大学学习，成绩优异，在美学和物理学方面的论文都获得了荣誉。1799年，二十二岁的他以一篇题为《自然形而上学的建筑学》的论文获得了博士学位，这篇论文讨论了哲学家康德的著作。

奥斯特的哲学训练在他发现电磁学的过程中起到了至关重要的作用。1801年，他获得了一笔奖学金，可以花几年时间游历欧洲。在德国期间，他沉浸在德国哲学界，在那里他熟悉了前面讨论过的自然哲学运动。他甚至与紫外线的发现者、自然哲学的坚定支持者里特相处过，并对如何利用哲学运动在科学领域实现新的发现产生了兴趣。自然哲学的追随者相信自然界中所有的现象都是有联系的，他们自然相信存在电和磁本身以某种方式相互联系的可能性。

奥斯特于1806年成为哥本哈根大学的教授，并一直信奉里特和自然哲学的理念。在接下来的几年里，他研究了电学和声学，同时开发出了大学的物理和化学课程。

在1819年至1820年的冬季学期，奥斯特做了一系列关于电学和磁学的讲座。1820年4月21日，他被安排做了一场关于电场和磁力之间相似之处的演讲，两者的相似之处已众所周知，他回忆了自己当初对它们之间联系的看法。奥斯特再次思考是否有可能利用电流产生某种磁效应，并决定准备一个小实验来探寻这样的效应。做这个实验时，他在指南针上方放置了一段电线，指南针与电线之间隔着玻璃。奥斯特是想看看当电流穿过导线时，指南针是否会受到影响。[2]

我们用奥斯特自己的话来了解接下来发生的事情，他是在大约十年后用第三人称写的：

实验的准备工作已经做好，但由于某种意外，他未能在讲座前完成，他打算推迟到下次更适宜的时候；然而在讲座中，实验成功的概率好像变大了，于是他当着观众的面做了第一次实验。磁针虽然装在盒子里，却受到了干扰；但干扰的效果非常微弱，在相关规律被发现之前，这样的现象一定显得非常不规则，这个实验没有给观众留下深刻的印象。[3]

奥斯特只用一根罗盘针的颤动，就证明了电流会产生磁效应，他的这一举动彻底改变了物理学。因为他事先没有机会测试自己的实验，所以这次演示是在一个报告厅里进行的，有学生在一旁观看。这可能是历史上唯一一次在现场观众面前首次完成的重大科学发现。考虑到观众并不知道他们看到的是什么，这个实验没有"留下深刻的印象"也许并不奇怪。

奥斯特并没有立即向全世界宣布他的实验结果，他花了几个月的时间做了进一步的实验。到了1820年7月，他已经完成了足够多的测试，并起草了一份详细描述他观察结果的论文——《电流对磁针影响的实验》。这篇论文最初是用拉丁文发表的，但很快就被翻译成了多种语言，包括英语。[4]奥斯特的工作立即得到了赞扬，整个欧洲的科学家都去拜访他，同他讨论相关成果。

在发现电能产生磁效应后，研究人员自然开始思考反过来是否可行：磁铁能产生电效应吗？在接下来的十年里，许多研究人员试图建立这样的联系，但都以失败告终。最终，是英国科学家迈克尔·法拉第实现了下一个突破性的发现，他的职业生涯是从一个不起眼的装订学徒开始的。

1791年，迈克尔·法拉第（Michael Faraday）出生于一个铁匠家庭，在他生活的年代，科学几乎完全是上流社会的专利。法拉第在成长过程中几乎没有接受过正规教育，当他十四岁成为一名装订学徒时，他的一生似乎注定平凡。然而，法拉第读起书来却是如饥似渴，在乔治·雷伯书店的工作让他有机会接触到所有他想读的书。第一本引起他注意的科学书籍是1797年出版的一本百科全书，里面有一篇关于电学的文章。出于好奇，法拉第用微薄的积蓄购买电气设备，试图重复文章中讨论的一些测试结果。

1810年，另一本书来到了雷伯的书店：这是简·马塞特的《化学谈话》。马塞特自学了化学，丈夫亚历山大是一名医生，在丈夫的帮助下，她在家做实验。为了了解更多相关知识，她参加了著名化学家汉弗里·戴维在皇家研究院的讲座，托马斯·杨也曾在皇家研究院工作，这使她下定决心要写一本关于化学的通俗读本，读者是像她这样几乎没有接触过科学的女性。《化学谈话》于1805年出版，后来又出了16版。

马塞特的著作也是自学成才的法拉第的理想读物。他如饥似渴地阅读这本书，从中学到了很多知识，并深受启发，立志从事化学研究。1812年，他的装订学徒工作即将结束时，法拉第迫切想找到一份与科学相关的工作。法拉第热爱科学研究，他甚至认为商贸行业是"恶毒而自私的"，而科学能使其追求者变得"和蔼可亲而自由自在"，这是他向往的崇高事业。[5]

决心和命运的结合使法拉第走上了科学之路。通过工作，法拉第结识了著名钢琴家、小提琴家威廉·丹斯，丹斯对法拉第的勤奋和刻苦印象深刻。1812年初，丹斯为法拉第搞到了汉弗里·戴维化学讲座的门票，这个年轻人把学到的一切都做了详细的笔记。在丹斯的进一步鼓励下，法拉第写信给戴维，询问自己是否有可能到皇家研究院工作，为保险起见，法拉第还附上了自己记录的演讲笔记。1812年12月底，戴维慷慨地回信，同意尽快与这位年轻人见面。

当时，法拉第是一名被雇用的装订工，他焦急地等了五周，戴维才回到城里，两人见了面。不过，这种等待非常值得：戴维告诉法拉第，皇家研究院有一个化学助理的职位空缺，他觉得法拉第很适合这份工作。颇为讽刺的是，戴维竟跟他说装订工是一个更稳定、更高尚的职业。法拉第后来回忆道：

> 在戴维满足了我从事科学工作愿望的同时，他仍然建议我不要放弃眼前的工作。他告诫我，科学是一个苛刻的情妇，从金钱的角度来看，那些献身于科学的人，得到的回报很少。我深深地感叹哲人的崇高道德，戴维对此报以微笑，并告诉我，我还得磨炼几年才能真正理解这个。[6]

新工作并没有马上开始，于是法拉第又做了一个月的装订工，同时也偶尔帮汉弗里·戴维做笔记。戴维前一年年底因一次化学实验爆炸眼睛受了伤，直到1813年2月，他的视力还没有完全恢复。同年3月，法拉第即就任皇家研究院的化学助理。

虽然新工作不错，但法拉第很快就得到了一个更大的机会。法拉第就职后不久，戴维就辞去了皇家研究院的正式教授职位，并计划于当年年底开始他为期多年的欧洲大陆之旅。然而，随着战争酝酿升温，戴维的贴身男仆拒绝了这趟可能有危险的旅程。戴维立即让法拉第以贴身男仆和化学助手的双重身份随他出发。

对于法拉第而言，能有机会见到欧洲最杰出的科学家，还能游历欧洲大陆，实在是太好了，不能错过，尽管当个仆人不太光彩。这次旅行回报颇丰：法拉第周到的服务及娴熟的技艺给戴维的同行留下了深刻的印象，这些人脉未来对他很有帮助。法拉第在日内瓦有机会见到简·马塞特，当时她和丈夫正在那里避暑。然而，戴维夫人把法拉第当仆人，而非科学家，所以让他跟仆人一起吃饭。女士们退到客厅后，马塞特的丈夫亚历山大低声说："现在，亲爱的先生们，我们去厨房和法拉第先生见面吧。"[7]

一回到伦敦，法拉第就恢复了他在皇家研究院的化学助理职务。他很快就被公认为是优秀的公共讲师和杰出的实验家，名声越来越大。1825年，法拉第成为皇家研究院实验室的主任，并于1833年就任皇家研究院的富勒化学教授，这是一个专门为他设立的职务，法拉第在他的余生中一直没离开过这一职务。

19世纪20年代，法拉第开始认真研究电学，这是他在当装订工时就一直着迷的课题。他了解了奥斯特的工作，并在此基础上继续拓展，于1821年制造出了世界上第一台电动机，现称同极电动机。在接下来的十年里，法拉第做了多种光学、电学和化学实验。1831年起，法拉第长期为英国皇家学会投稿，发表了题为《电学实验研究》的系列论文。几乎同时，法拉第宣布了一个最终改变世界的著名发现：电磁感应。[8]

自1820年奥斯特的发现以来，法拉第一直在思考一个困扰研究人员的问题：如果电流能产生磁性，那么磁铁有没有可能以某种方式产生电？法拉第等人认为磁和电是相互作用的：如果电流能以某种方式吸引磁铁，那么磁铁一定能影响电流。

在法拉第的一个重要实验中，他在一个圆柱体的木头上绕了一根极长的电线，用开关连接到电池上。（图16）当时人们已经知道，电流穿过这样一根线圈，会产生非常强的磁场，磁场会随着线圈数量的增加而增加。除了这个结构，法拉第还在电绝缘的情况下在线圈中缠绕了另一根长导线，这一根导线连接到一个测量电流的仪表上（当时称为电流计，以纪念电学先驱路易吉·加尔瓦尼）。

接通电流后，法拉第在电流计上看不到任何信号。然而，他注

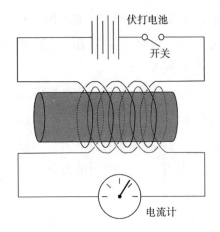

伏打电池

开关

电流计

图16　法拉第的电磁感应实验

意到一些奇怪的现象：在他打开或关闭电流的瞬间，电流计的指针会颤动。这是一个微弱的效应，就像奥斯特最初的实验中指南针的颤动一样，当然也像奥斯特的实验一样，它代表了一个重大发现。

借助更多的实验，法拉第得出了一个正确的结论：磁性的变化会在电线中产生电流。这表明，电和磁之间的联系是双向的，尽管在每个方向上都有明显的不同。法拉第为科学界揭开了电与磁的真相，而科学界也接受了他的理论。

法拉第还有许多其他重要发现，比如他证明了电的不同表现形式——化学反应、摩擦和动物——都是等效的。他甚至测试了电鳗等生物的电击能力，将手放在电鳗上以测量其产生的电击强度。五十四岁时，法拉第观察到磁场可以改变光的偏振，表明了光、电、磁之间所暗含的关系。然而，将三者联系在一起的最后一块拼图，却一直困扰着他。

简·马塞特和迈克尔·法拉第是终生朋友，他们定期保持通信。马塞特会写信给法拉第，请他解释自己的新发现，这些新发现会被收录在最新版的《化学谈话》中。而法拉第也毫不犹豫地承认马塞特的工作对他自己的重要性：

> 不要以为我是一个深刻的思想家，或认为我是一个早慧的人。我相当活泼且富有想象力，既相信《百科全书》，也相信《一千零一夜》；但具体的事实对我来说非常重要，它们拯救了我。我更相信事实，但对于断言我总要反复验证。因此，当我通过小实验来质疑马塞特夫人的书（我能找到方法进行这些小实验），并发现它与我所理解的事实相符时，我觉得自己已经抓住了化学知识的锚，绝不会松手。[9]

1852年，六十一岁的法拉第介绍了他最伟大的理论成就，后来证明，这一成就和他的实验贡献一样重要，甚至更重要。

从牛顿时代开始，两个物体之间的力，如引力、电力和磁力，在数学上被视为这两个物体之间的直接相互作用，通常被称为"超距作用"。造成超距作用的原因尚不确定，且有颇多争论。有些人认为磁力是一种在其他情况下无法观测到的流体，从磁体的北极散发出来，然后循环到南极。

这种观点把磁力看作流体，一项实验增强了该观点的可信度，实验至今仍在使用，尽管解释的方法已大异其趣。在这个实验的演示中，一块磁铁放置在一张纸的下面，然后往纸上撒铁屑。结果是，铁屑在原地转动，聚集在一起，形成了一条条像金属线的形状，从磁铁的北极一直延伸到南极。（图17）

在许多研究人员看来，这表明这些碎屑是在神秘的磁性液体的流动作用下被定向聚集在一起的。然而，法拉第在金属屑的分布中看到了更实用的东西：那就是测定磁铁周围磁力的方向和强度的手段。在他关于电和磁的系列论文的第二十八篇中，他这样介绍了自

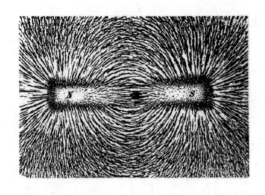

图17 铁屑排列在条形磁铁周围。图片来自牛顿·亨利·布莱克和哈维·N.戴维斯的《实用物理学》（纽约：麦克米伦，1913），第242页，图200

己关于磁力线的想法："磁力线可以定义为由一个非常小的磁针描绘的线，当它在与其线长相对应的任何一个方向上移动时，磁针始终与运动线相切。"[10]换句话说，他想象磁铁周围都是力线（line of force），只要在那个位置放一个铁屑，就能在那个位置探测到这些力线。法拉第称所有力线的集合为磁场。电荷集合的电场也可以用单个点状电荷来定义，称为测试电荷；将测试电荷放置在集合附近时，电场线则指向测试电荷被推或拉的方向。

今天，物理学家测定一个简单系统的场很容易。一块条形磁铁具有从北极到南极来回循环的磁力线。一根有电流通过的长导线会产生磁场，正如奥斯特所示，磁场会在导线周围循环。一个点状的电荷产生的力线，如果带正电荷，力线就直接指向远离它的方向，如果带负电荷，力线就指向它的方向。

电场的图只显示了几条电场线，从原则上讲，电场线是无限多的，充满整个空间。这些图旨在使研究人员对磁体和电荷的性质有一种直观的认识。但法拉第也指出，这些图片有定量含义：力的强度与空间中该点的场线密度成正比。一个人离场源越远，场线的密度就越小，力的强度也相应减小。

法拉第非常谨慎地表示，他的力线思想只是概念工具，而不是对电和磁的物理解释。在这篇论文中，他说："我希望限定'力线'一词的含义，使其仅意味着任何给定区域的力的强度和方向；并且不包括（目前）对该现象的物理原因的定性；也不包括任何类似想法或依赖于这类想法的其他想法。"[11]但是法拉第的构造导致研究人员看待这种力的方式发生了一个非常重要的，甚至是极其关键的哲学变化：它自然地用物体间吸引或排斥的中间原因取代了超距作用的想法。例如，人们可以合理地看待磁铁产生磁场，而磁场反过来又对另一块磁铁产生拉力，而不再说"磁体A吸引磁体B，反之亦然"，而是说"磁体A产生场A，场A与磁体B相互作用，产生吸引力，反之亦然"。超距作用被物体通过它们产生的场相互作用的观点所取代。这个场的概念现在是我们描述自然界中所有基本力的关键部分。

有了法拉第的描述，那些现有语言无法表达清楚的现象就可以得到更巧妙的描述了。例如，法拉第感应可以被描述为"一个随时间变化的磁场产生一个循环电场"。如果把一个电线环放在该循环电场中，那么电场就会驱动电流。

法拉第对力线和电场的描述并没有立即引起人们的注意。法拉第本人并没有受过数学方面的训练，他的描述也没能让当时的理论物理学家相信他的概念是有用的。直到近十年后，才华横溢的苏格兰科学家麦克斯韦才认识到法拉第思想的力量和效用。

1831年，詹姆斯·克拉克·麦克斯韦出生在苏格兰爱丁堡的一个富裕家庭。和杨一样，麦克斯韦小时候就聪明过人，好奇心很强。三岁时，他就会对一切事物的工作原理提出疑问："那是什么？它是做什么的？"若是一开始得到的答案太含糊不清，他还会追问："那到底是怎么一回事？"年轻的麦克斯韦对色彩及其原理也很感兴趣，这也暗示了他未来的人生道路；有一次，有人告诉他世上有蓝色石头，他反问道："可是，你怎么知道它是蓝色的？"[12]

麦克斯韦的早期启蒙教育由母亲弗朗西丝（Frances）负责。可惜她英年早逝，那时麦克斯韦也才八岁而已。于是，父亲和姑姑接手了麦克斯韦的教育。1842年2月，父亲带着麦克斯韦参加了一场电磁机器公开演示会，会场里面还展示了一辆电动列车和一把电锯。这场演示可能对年轻的麦克斯韦未来事业的选择产生了巨大影响。[13]

麦克斯韦的事业及天赋以惊人的速度发展着。十四岁时，他就写下了第一篇科学论文《论椭圆形曲线及其他多焦点曲线》。[14]这篇论文由爱丁堡大学的詹姆斯·福布斯（James Forbes）教授送交至爱丁堡皇家学会（the Royal Society of Edinburgh），因为麦克斯韦被认为太过年轻，无法亲自提交。十六岁时，麦克斯韦开始在爱丁堡大学上课。十九岁时，他转学到剑桥大学，在三一学院继续学习，并于1854年获得了数学学士学位。在三一学院学习时，麦克斯韦研究色彩感知，沿袭了他儿时对色彩的痴迷。[15]1855年，他向剑桥哲学学会（the Cambridge Philosophical Society）提交了一篇题为《色彩实验》的论文，描述了色彩组合原理。这是他第一次能够自己提交论文。1856年底，麦克斯韦当时虽只有二十五岁，但已获得了阿伯丁马歇尔学院（Marischal College）的自然哲学教授职位。

令人难以置信的是，不过短短几年时间，麦克斯韦竟被解雇了，这是因为1860年，阿伯丁大学（the University of Aberdeen）与阿伯丁国王学院（King's College of Aberdeen）合并成为一所学校。他与妻子凯瑟琳搬到了伦敦，并担任了伦敦国王学院（King's College of London）的教授。正是在伦敦，他做了一些最具突破性的研究，包括最早提出拍摄彩色照片的方法。他还参加了迈克尔·法拉第的讲座；法拉第这时都七十多岁了，还在皇家研究院工作。

麦克斯韦很早就对法拉第的"力线"概念产生了兴趣，并于1855年写了一篇论文，热情鼓励大家进一步密切关注力线理论。[16]在过去，研究人员认为法拉第的工作不过是对电力及磁力非严格意义上的描述，只是一种视觉辅助而已。但是，麦克斯韦认为，力线及其形成的力场等概念可通过数学变得严谨细致。

麦克斯韦最伟大的突破是在1861年发表的一篇论文，即《论物理力线》。全文由四部分组成。在第一部分中，麦克斯韦大胆地认为法拉第提出的力线并非只是为了数学计算方面的便利，而是一种真实存在的现象。而且，磁铁和铁屑实验就是强有力的证明："这个实验恰好说明了磁力的存在，自然也会让我们认为力线是真实存在的，而且除了指出电力与磁力这两种力的合力外，还表明了其他东西。这两种力的作用点相距不小，实际上在磁铁被放置在力场中前，它们根本不存在。"[17]更重要的是，鉴于奥斯特和法拉第已证明了电与磁之间具有相关性，麦克斯韦注意到对电磁现象的现有描述中还缺少了一些东西。我们可将麦克斯韦的想法推理如下：如果一个时变磁场产生一个循环电场，就像法拉第指出的那样，难道一个时变电场不应该产生一个循环磁场吗？麦克斯韦注意到，时变电场的运行非常像电流。他把这种时变电场称为位移电流：它们产生的磁性就像普通电流一样，正如奥斯特所展示的那样，但是没有任何电荷存在。

然而，麦克斯韦论文中最重要的成果是将电与磁视为对假设的物质介质的一种干扰，这种介质被称为以太。通过分析波在这种介质中的传播速度，麦克斯韦发现，这种速度非常接近于已知的光速。随后，他得出结论："我们几乎无法避免这样的推论：光存在于同一种介质的横向起伏中，且这种介质是电磁现象出现的原因。"[18]换句话说:我们所感知的光,实际上是由振荡的电磁场组成的横向波。麦克斯韦已正式假设电、磁和光三者之间的统一性是一种单一的现象。现在,我们称其为电磁。

短短几年后,1865年,麦克斯韦改进了对所有电磁现象的数学推导描述,并公开发表了这项成果,他表示:这些方程,一旦位移电流被包括在内,就产生数学波动方程,可以预测波以光速传播。[19]这一发现标志着现代光学科学的开端,而他提出的方程则被称为麦克斯韦方程。如今,这些方程仍为现代光学研究人员所使用,虽然标记系统有所变化,但内容并没什么改变。

如今,借助法拉第的场线概念及麦克斯韦的数学计算,我们能对电磁波的"样子"有一个清晰认知。电磁波由振荡的电场和磁场组成,互相垂直,且均与波的方向垂直,以光速运动。(图18)

电与磁的现象截然不同,那电磁波是如何从中产生的呢?人们可以借助法拉第电磁感应定律和麦克斯韦的位移电流对这一问题有个大致了解。根据法拉第电磁感应定律,一个不断变化的磁场会产生一个电场;而麦克斯韦的位移电流则认为,一个不断变化的电场会产生一个磁场。因此,一旦产生,这些磁场与电场随着时间推移而不断演进,其自身也保持振荡,由此产生了一种长距离传播的

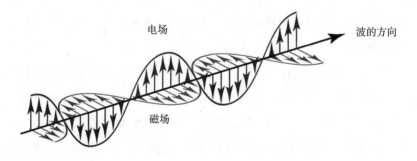

图18 电磁波。电场与磁场互相垂直,且均横向沿着波的行进振荡起伏。这是一种横波

隐形:不被发现的历史与科学

波。这个过程可从一根天线开始：天线产生振荡的电流，从而产生一个振荡的磁场——正如奥斯特指出的那样。这也是无线电天线及手机产生广播信号的原理。

尽管法拉第不是数学家，但麦克斯韦在发展自己的理论过程中给予了他极大的肯定。在《论电与磁》（1873）中，麦克斯韦真挚地描述了法拉第及其成就：

> 当我继续研究法拉第时，我发现，他构想现象的方法虽然不是以传统数学符号形式来展示，但其实也是一种数学方法。我还发现，这些方法能够以普通数学形式表示出来，因此与那些自称的专业数学家提出的方法不相上下。
>
> 例如，法拉第在脑海中看到了穿越一切空间的力线，而数学家看到的却是力的中心在远处吸引；法拉第看到了一种媒介，而他们只看到了距离；法拉第付诸实践，在这种媒介中寻找现象的根源，而他们却沾沾自喜，以为在电流体上发现了一种远距离的作用力。[20]

麦克斯韦在理论上证明了电磁波的存在及其以光速传播，但这还需要验证才说得通。德国物理学家海因里希·赫兹（Heinrich Hertz）于1886年至1889年间完成了这一关键实验。赫兹使用了无线电波发射器和接收器，当然，跟现在比这些仪器不够先进。[21]他用一面镜子将无线电波反射回其源头，从而产生驻波，就像风琴管内产生的声波一样。通过测量波的波长（大约9.3米）及其频率，赫兹能计算出波速，并在实验误差允许的范围内，证实该速度等于光速。赫兹的实验证实了电磁波的存在，以及它们的光速传播。自那以后，研究人员皆认为光是一种电磁波。

有一个广为流传的故事：一位学生问赫兹他的发现有什么用处。据说，他是这样回答的："我猜没什么用。"[22]无论这个故事是真是假，它都让人啼笑皆非，赫兹的预测实在是错得离谱。事实上，在短短几年之内，古列尔莫·马可尼（Guglielmo Marconi）和尼古拉·特斯拉（Nikola Tesla）就研发出无线电通信，开创了一个全新的技术时代，社会也因此发生了翻天覆地的变化。

从科学角度来看，因为电磁波的发现及其确认，人们对光及其能做之事与不能做之事有了更深入的认识。就隐形科学而言，小说作者很快就对隐形有了很多更好的，而且与新科学知识没有冲突的想法。我们有幸见证了一位才华出众的作家，他直面挑战，写出了史上最伟大的科幻小说。

8

波与威尔斯

在下一场实验及其之后的实验中，他让化学制剂牢牢嵌入我的身体组织。我不仅变成了白色，就像一个漂白后的人，而且还有些透明，就像一个瓷人。随后，他又停了一会儿，让我的身体恢复到之前的颜色，然后让我离开，去闯荡世界。两个月后，我的身体变得更加透明了。你看过在海面上漂浮的生物——水母吧？它们的轮廓肉眼几乎看不见。好吧，空气中的我，就像水中的水母一样，肉眼难以看清。

——爱德华·佩奇·米切尔（Edward Page Mitchell），
《水晶人》（*The Crystal Man*），1881

尽管19世纪揭示了光、电与磁三者的本质，但在世纪之末仍留着一个未曾揭开的惊喜：一种人类肉眼无法看到、神秘的新辐射；这种辐射，除密度最大的材料之外，可穿透其他一切，就好像它们隐形了一样。伦琴发现了这些射线的存在，所以它们被命名为伦琴射线，但这让他十分恼火。好在最后还是取了他喜欢的名字：X射线——这个名字捕捉到射线的神秘本质。X射线不仅彻底变革了科学与医学，还启发了一位叫赫伯特·乔治·威尔斯（Herbert George Wells）的科幻作家：他创作出最有名的科学隐形故事——《隐身人》。

X射线的重大发现之所以有可能实现，是因为早在几十年前就发现了另一种神秘射线。这一发现的源头可追溯到迈克尔·法拉第，这一点或许不足为奇。1838年，法拉第正在研究两个金属表面之间的电火花放电情况。他借助电子设备，让一个金属表面（后称为阴极）产生负电荷，让另一个（后称为阳极）产生正电荷。法拉第特别感兴趣的是，当火花在不同的气体中产生时，其行为会发生怎样的变化。他将整个装置放在一个玻璃罐中，这样他就能让罐子充满气体，或者在罐中创造部分真空。他发现在某些情况下，火花并不会产生，但会在罐中形成幽灵般的光柱——阴阳两极，彼此向对方延伸去。在那个时代，法拉第无法解释这种现象，但后来人们发现这是电子从阴极流向阳极时与原子碰撞的结果。在碰撞中，电子将能量传递给原子；随后该能量以光的形式重新发射出来。

1857年，德国吹玻璃工人海因里希·盖斯勒（Heinrich Geissler）能在管子里创造更好的真空条件，里面的气体密度更低。然后他发现，一旦通上电，整个管子内部都能发光。（如今霓虹灯的发光原理大体上和这种技术别无二致；不过，霓虹灯里充满了氖气。）在接下来的一年里，盖斯勒的雇主朱利叶斯·普吕克（Julius Plücker）对管子进行了研究。他发现，管中的气体抽出得越多，就越能使阴极对面的管壁发光。普吕克将一块磁铁靠近管壁发出的光。他发现，这样做可以使光的形状发生变化。因为电流运动会受到磁场影响，普吕克的观察表明，管壁发光现象是由某种移动的电气干扰引起的。

1869年，普吕克的学生约翰·希托夫（Johann Hittorf）进一步

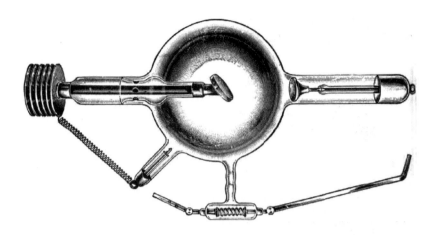

图19　Cossor电子管，后世发明的一种阴极管，可用来产生X射线。管子的右边是阴极，中心是"反阴极"，代替X射线管中的阳极。另一辅助阳极，延伸至管子的最左端，用来稳定该电子管的运作。图源自凯耶（Kaye），《X射线》（1918）

改进了盖斯勒管内的真空，并证明放在管内的物体会在发光的管壁上投下阴影。在研究人员看来，这表明电是由某种射线携带的，就像一度以为光也是由某种射线携带的那样。这些射线从管子一端的阴极直线移动到另一端的阳极。正因为如此，这些神秘的射线也被称为阴极射线。（图19）

随后，历史重演了：阴极射线到底是波还是粒子？科学家们对此争论不休。法国和英国的科学家倾向于认为这些射线是粒子，而德国科学家则认为它们是波。从那之后，人们一直对阴极射线展开密集研究与激烈讨论。1897年，英格兰物理学家J.J. 汤姆逊（J.J. Thomson）的研究终结了这场争论。利用电场和磁铁，汤姆逊能确定这种神秘阴极射线的电荷与质量之间的比例，并表明了阴极射线是由负电荷与低质量的相同粒子流构成的。这是第一个被发现的大自然的基本组成部分，它被命名为电子。

在汤姆逊重大发现的两年前，维尔茨堡大学（University of

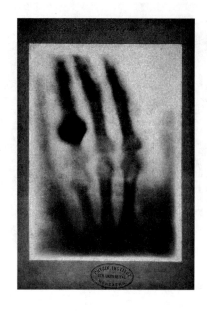

图20 "我看到了自己的死亡！"图为伦琴
妻子手部X射线图的照片

Wurzburg）有一位五十岁的物理学教授威廉·康拉德·伦琴（Wilhelm Conrad Röntgen），他研究阴极射线的特性。研究人员已证实：阴极射线能通过阴极射线管上的铝制"窗口"；如果让这些射线与附近荧光屏发生碰撞，屏幕就会发光。但伦琴感兴趣的是：阴极射线到底能否通过不带窗口的阴极射线管的玻璃。

在准备实验的过程中，伦琴用纸板包住了阴极射线管，使其不透光；他要确保检测到的光来自荧光屏，而不是管子本身常见的光亮。1895年11月8日，伦琴正在黑暗的房间里测试这一包裹严实的管子。这时，他注意到不远处的荧光屏在发光。这不可能是阴极射线本身在发光，因为已经证明了阴极射线只能在空气中传播几厘米。某种其他类型的神秘射线不仅穿过了管子的玻璃和纸板包装，而且在空气中传播了很远，荧光屏也因此一直在发光。伦琴将这些神秘的新射线称为"X射线"。

这些射线的惊人能力立即显现出来，因为它们似乎能穿过几乎一切东西。伦琴很快意识到这种射线可用来显示人体内部。他发表了第一篇论文，里面还附带上他妻子于1895年12月22日拍摄的手部的X射线图[1]。（图20）据报道，当伦琴的妻子看到这个图像时，说："我看到了自己的死亡！"

伦琴的研究在医学上的意义显而易见，其科学论文发表于1895年12月28日。1896年1月8日，《维也纳新闻》（*Presse of Vienna*）率先报道了伦琴的发现。报道称："这样，外科医生就可以确定复杂的骨折程度，而病人也无须经历十分痛苦的人工检查。医生可比以往更容易找到子弹或炮弹碎片等异物的位置，无须再用探针对病人进行痛苦不堪的检查。"[2]

但是这些新的X射线到底是什么？最初的调查显示，它们有一些令人困惑的特性。X射线似乎并不像普通的光或其他不可见射线（如红外线和紫外线）那样进行反射或折射。但是，最终证实X射线是另一种电磁波，其波长比可见光的波长短许多。可见光的波长为500纳米（几十亿分之一米），而X射线最长的波长也只有10纳米。X射线的能量如此之高，能穿透大部分物体，就好像这些物体根本不存在一样。难怪X射线的成像效果那么令人难以置信。

X射线是如何产生的？后来人们才发现，X射线是在电荷加速的极端情况下产生的（电荷加速也可产生电磁辐射）。这是麦克斯韦方程的结论：当电荷加速时，会产生一个随时间变化的电磁场，从而产生电磁波。X射线是由阴极射线管中电子的极端加速产生的。电子离开阴极，接近带正电的阳极时，其速度增加。在真空管中，由于没有气体来减缓电子的速度，因此电子以极高的速度与阳极发生碰撞。[3]这种碰撞使电子迅速减速，从而产生高能量的X射线。

当时，伦琴的X射线引起了全国性的轰动——无论是科学界还是普罗大众，均是如此。假信息几乎与发现X射线的消息一样迅速

图21 "一个来自伦敦的企业家甚至为防X射线的内衣做了广告。"插图来自美国新泽西州布里奇沃特（the Bridgewater, N. J.）的《信使新闻》（*Courier-News*），1896年5月27日。不知何故，X射线显示该男子的右手朝上，尽管他的右手实际上正掐着腰

传播开来：如果X射线可以透过任何东西，人们是否可以用它来监视邻居并看透他们的衣服？一篇驳斥类似这种言论的报纸文章指出，"在伦敦，有个企业家甚至为防X射线的内衣打广告"[4]。（图21）

不难看出，在大众眼中，X射线是如何迅速与隐形建立联系的。X射线本身不可见，而且还能有效使实物（如人体）显得不可见。这种可能性激发了赫伯特·乔治·威尔斯的想象力。他将自己掌握的科学知识与大众对X射线的概念混在一起，写出了有史以来最著名的科幻小说。

1866年，赫伯特·乔治·威尔斯出生在位于伦敦东南部的布罗

隐形：不被发现的历史与科学

姆利（Bromley）。威尔斯家庭拮据，母亲是一名店主，父亲则是一名职业板球运动员，收入不稳定。年轻时的威尔斯大多都在艰难度日，有时甚至会挨饿；这些经历促使他后来推动建立一个公平的社会，哪怕只是个乌托邦社会。

威尔斯的人生与未来事业因其不幸遭遇而发生了巨大的可喜转变。1874年，威尔斯大概七八岁时，与一个大男孩嬉戏玩闹时摔断了腿。在卧床静养期间，他开始阅读，并意识到自己对书籍的热爱。在康复期间，威尔斯的父亲和那个无意中伤害了他的男孩的愧疚的母亲都源源不断地给他带来了新书。威尔斯认为这次受伤促成了他的未来事业。他后来提道："我今天还能活着写这本自传，而没有成为一个身体被掏空、遭到解雇而且早夭的店员，可能是因为那次腿骨折了。"[5]

威尔斯的早期教育是在挣扎和失望中度过的。腿伤康复后，他进入了托马斯·莫利（Thomas Morley）开办的私立学院。莫利是个枯燥乏味的老师，重视死记硬背，喜怒无常，对学生老是发脾气，而且还常常对自己所教科目一无所知。威尔斯后来诙谐地回忆道："倘若不带有任何狄更斯式的夸张描述，很难说出关于这个校长及其学院的任何真实情况。"[6]1877年，威尔斯的父亲腿部骨折严重，他的板球生涯就此落下了帷幕，当然他们的家庭收入也因此骤减。威尔斯经历了好几回学徒生涯，两次是制衣工人，一次是化学家的助手。他认为当制衣工人是他一生中最悲惨的时光。1883年，威尔斯终于说服父母，不再做制衣工人了。他为此甚至想采取极端行动——如果不能满足他的要求，他就要自杀。威尔斯在米德赫斯特文法学校（Midhurst Grammar School）找到了一份助教（pupil-teacher）工作：他自己也是学生，不过要协助教导低年级学生。

在米德赫斯特文法学校的工作，终于让威尔斯有机会深入研究他梦寐以求的课题。他沉浸在每一个他能想象到的科学课题中。他的一位老师霍勒斯·拜亚特（Horace Byatt）甚至为他准备了自习课程；这样，威尔斯就有机会阅读自己喜欢的书。而拜亚特则在自习课上处理他的私人通信工作。威尔斯的努力得到了回报：他的考试成绩很高，虽然只在米德赫斯特上了一年学，他就获得了堪津顿科学师范学校（the Normal School of Science）[即后来的皇家科学院（the Royal College of Science）] 的奖学金，并成功入学。在堪津顿科学师范学校，托马斯·亨利·赫胥黎（Thomas Henry Huxley）指导威尔斯学习了生物学。赫胥黎因公开捍卫查尔斯·达尔文（Charles Darwin）的进化论而声名大噪，被称为"达尔文的斗牛犬"（Darwin's bulldog）。威尔斯学习物理就没那么令人满意了，他觉得老师自己或许都不了解这个学科。事后看来，威尔斯认为这种情形无论如何都预示了当年的物理学状态："我当时没有意识到，物理学那时尚处于混乱与重建状态，还不存在供学生和普通读者阅读的物理学概念的清晰描述。"[7]

1887年，他离开堪津顿科学师范学校，在威尔士的霍尔特学院（the Holt Academy）找到了一份教师工作。威尔斯一开始乐观地认为这个地方还算不错。但到达学院后，他才发现这是一个令人沮丧、无法激发灵感的地方，并觉得自己把职业生涯引向了一个"死胡同"。但他再次经历否极泰来的命运逆转，真可谓"祸兮福所倚"。在某次踢足球时，一名球员严重犯规，撞倒了他。威尔斯因受伤卧床不起；医生的诊断是，他的一个肾脏被撞坏了。更糟糕的是，几天后，威尔斯开始咯血，医生断定他得了致命的肺结核病。不过，这一诊断使威尔斯与学院协商后获得了带薪休假。于是，他回到家中与母亲相聚，听天由命。

一位名叫柯林斯的医生跟威尔斯住在同一间出租房里，承诺会好好照顾他。柯林斯对肺结核的诊断有异议，他拼尽全力为威尔斯治疗，威尔斯因此开始慢慢恢复。在疗养期间，他大量写作，尝试了各种文类：短篇小说、短文、诗歌等。几个月后，他对其早期作品进行回顾和反思，并把它们全部烧掉，重新写，并努力改进写作风格。在这期间，他的病情见好，尽管恢复得很慢。最后，在1888年的夏天，他做出了一个重要的决定：

> 一个阳光明媚的下午，我独自来到英国这个工业化国家里幸存的一小片林地"特鲁里森林"（Trury Woods）。那一年，野生风信子生机勃勃，我躺在草地上，陷入深思。那个下午，艳阳高照，充满了生机活力。那些挺拔的风信子比飞舞着军旗的部队更勇敢，比号角更鼓舞人心。
>
> "一年中有将近三分之二的时间，我都陷入垂死挣扎。"我说，"我离死亡近在咫尺。"
>
> 就在这个时候，这个地点，我死里逃生了，虽然时而还会犯病，但从那以后我一直都活得好好的。[8]

威尔斯回到伦敦，开启了他的写作生涯，但这并不是一件易事。为了支付各种账单，他又找了一份教师工作，他甚至在1890年获得了伦敦大学校外课程（the University of London External Programme）的动物学学士学位。1890年底，威尔斯旧病复发，这让他有时间尝试写科普类文章，结果喜忧参半。第一篇文章《独特的重新发现》（"The Rediscovery of the Unique"）在《双周评论》（*Fortnightly Review*）上发表后，威尔斯向该刊物又提交了一篇文章，题为《宇宙的刚性》（"The Universe Rigid"），试图用非专业语言描述四维时空原理。编辑W. E. 亨利（W. E. Henley）在阅读文章校样时，认为这篇文章晦涩难解，并因此大为光火。他亲自把威尔斯叫到办公室，对他大吼大叫。"他抓起身旁的校样，扔到桌子对面。'老天爷！我完全无法读懂这篇文章，你到底想说什么？看在上天的分上，告诉我这篇文章到底讲了什么？意义何在？你想说什么？'"[9]

于是，威尔斯开始打磨自己的写作技巧，并打算写一些不那么令人费解的主题。等到了1894年，他定期为《帕尔摩报》(*Pall Mall Gazette*)写文章。靠这些文章，威尔斯赚的钱比教书赚的钱还要多。1895年，《帕尔摩报》准备刊发一些更长的连载文章。威尔斯提议发表关于时间旅行的系列文章。他曾经思考过这个问题，并在其就任的大学的报纸上写过一篇短篇小说，题目为"顽固的亚尔古英雄"("The Chronic Argonauts")。1895年1月至5月，这一故事在《新评论》(*New Review*)以如今更为家喻户晓的名字《时间机器》(*The Time Machine*)进行了连载。当时，《新评论》的编辑就是W. E. 亨利，那位多年前对威尔斯晦涩难解的科学写作进行抨击的人。尽管亨利一开始很沮丧，但威尔斯身上的一些积极因素显然给他留下了深刻印象。具有讽刺意味的是，《时间机器》提出了穿越"第四维"时间的前提条件，而此前正是这一概念让亨利感到困惑，并为此大动肝火。

《时间机器》取得了巨大成功，并于1895年5月以图书形式出版了。从此，威尔斯的小说家生涯稳定了下来。他的下一部科幻小说《莫罗博士岛》(*The Island of Doctor Moreau*)，于1896年出版，小说讲述了一位科学家创造出类似人类的杂交动物以及这种创造带来的可怕后果。威尔斯的下一部小说，即1897年出版的《隐身人》(*The Invisible Man*)，可能是他最为著名的作品。（图22）

现在，大众对这个故事很熟悉：一个名叫格里芬（Griffin）的

图22　赫伯特·乔治·威尔斯1897年的小说《隐身人》的原版杂志广告

科学家发现了让生物完全隐形的奥秘，他轻率地亲自上阵，试验自己配制的隐身剂。但他身上穿的衣服并没有随他一起隐形。格里芬这才明白，隐形既是幸事，也是诅咒，因为在公共场合，他不得不从头到脚都穿着衣服，但在执行任何秘密任务时，他必须全裸才行。格里芬越来越疯狂，并试图说服一位名叫肯普（Kemp）的科学家协助他对国家实行疯狂的恐怖统治，而肯普则不顾一切地阻拦他这样做。不过，格里芬是如何实现隐身的呢？他向肯普透露其中的某些细节：

> 肯普，如果一块玻璃被砸碎，玻璃的粉末在空中就会变得更加明显，成为不透明的白色粉末。这是因为粉末化大大增加了玻璃表面的反射和折射。一块玻璃只有两个表面，而变成粉末后，光线被每一个玻璃颗粒反射或折射，能直接穿过玻璃粉末的光线就很少了。但是，如果这些白色玻璃颗粒被放

入水中，它们就会立即消失不见。玻璃颗粒和水的折射率基本相同，也就是说，光线从玻璃颗粒和水之间穿过时的折射率或反射率非常低。

把玻璃放进折射率几乎相同的液体中，就可以使它隐形；如果把一个透明的东西放在任何与其折射率几乎相同的介质中，它就会变得不可见。再想想，你就会发现，如果玻璃的折射率能与空气的折射率相同，那么玻璃的粉末也可以在空气中消失；因为当光线从玻璃传到空气时，就不会有折射或反射了。[10]

在这里，我们发现威尔斯的解释与菲茨·詹姆斯·奥布赖恩在他的故事《它是什么？一个谜》中使用的解释非常相似。威尔斯借格里芬指出，一个物体之所以可见，主要是因为它对光线的反射与折射。但从奥布赖恩所处的时代开始，光学已有了长足进步：通过使用麦克斯韦方程，人们发现，每当光线照射到两种不同折射率的介质之间的界面时，总会产生一些反射光。例如，当光从空气进入水中时，总有一些光线被反射回空气中，这是因为空气的折射率约为1，而水的折射率为1.33。

威尔斯通过"折射率匹配"（index matching）来实现隐身目的。如果两种材料的折射率完全相同，那么就不存在折射，因此也就不存在反射。举个例子，派热克斯玻璃（Pyrex glass，通常用于炊具）的折射率为1.474，这与在药店能买到的矿物油的折射率几乎一模一样。如果将一块派热克斯玻璃浸没在一盘矿物油中，玻璃似乎会消失在液体中。

这一解释的难点（对于科幻小说亦然）在于空气的折射率与真空的折射率几乎完全相同。任何试图利用折射率匹配这一方法来使物体在空气中不可见的做法，都必须要使物体的折射率与其所在实际空间的折射率相匹配才行。但在这里，威尔斯借鉴了当时的科学。在小说中，格里芬是这样解释的："但是，必经阶段是把要降低折射率的透明物体置于某种隐约振动的两个辐射中心之间。关于此事，我以后会更详细地告诉你。不，不是那些伦琴振动——我不知道我使用的这些振动是否被描述过。"[11]公众设想X射线在某种程度上使物体和人不可见；威尔斯利用这种误解，想象出一种新射线。而这些射线能够真正使物体不为肉眼所见。这一想法，即便是对普通大众来说，也是有悖于情理的。但是，威尔斯却在科幻小说领域取得了巨大成功：围绕一个看似合理的想法展开，并编写故事，使一切变得真实可信。正如他自己所描述的那样，"一旦魔术把戏完成了，科幻作家的全部工作就是使其他细节真实可靠，而且符合人性。必要时须添加一些寻常细节，这也是对小说科学假设部分的一种严格贯彻。除小说的基本假设之外，一切其他幻想成分都只让小说满纸荒唐，愚不可及"[12]。

显然，X射线的发现是《隐身人》的主要灵感来源之一，当然这本书可能还受到其他因素影响。1881年，爱德华·佩奇·米切尔在《纽约太阳报》（*New York Sun*）上发表了他的短篇小说《水晶人》。这个故事描述了一个名叫弗拉克（Flack）的实验室助理遭遇的种种麻烦事。弗拉克自愿成为隐形试验对象，但却陷入了困境。然而，弗拉克与威尔斯笔下的格里芬颇为不同：弗拉克拥有一套隐身衣，还能维持体面。米切尔没有提及更多关于隐形过程的细节，只是模棱两可地将其描述为一种化学漂白：

> 弗拉克继续说道："现在聊聊我的毁灭故事吧。我有幸与这位伟大的生物组织学家有过往来，他接下来将注意力转向另

一个更有趣的研究分支。截至目前，这位组织学家只是想增加或改变人体组织色素，而现在他开始了一系列实验，研究是否有可能通过吸收、渗出和使用氯化物及其他作用于有机物的化学制剂，从而从系统中完全消除颜色。结果，他大获成功！"[13]

弗拉克以令人心碎的悲剧方式结束了自己的生命：当他向其爱人透露他的身体状态时，没想到，她却嘲笑和唾弃他，这最终导致他自杀身亡。

尽管把人漂白成透明的想法可能看起来很牵强，但是近来发生了一些事，倒是与这一想法十分接近。2001年，日本研究人员推出了一种名为Scale的化学试剂。这种试剂能使那些生物样本变得透明。[14]他们摘取了老鼠大脑的一部分细胞，甚至还用老鼠死胚胎做了实验，并能使它们变成透明的。研究人员在一篇可能会让爱德华·佩奇·米切尔和赫伯特·乔治·威尔斯颇感骄傲的声明中写道："目前，我们正在调查研究另一种更为温和的备选试剂，可让我们能以相同方式来研究活体组织，不过透明度稍低。"[15]

威尔斯的余生都在写小说，但他对科幻小说的最大贡献是在其第一个十年，即1895年至1905年。此后，他的作品变得更具社会意识，更多介入政治。这些作品反映了他想让世界变得更美好的努力，甚至憧憬建立一个乌托邦社会。但他对科幻小说的影响依然存在：甚至几十年过去了，文学作品中依旧出现了越来越多让大众恐惧的隐身人。

一个令人印象深刻的例子就是另一位知名科学传奇小说家写的一本书。《地心游记》（*Journey to the Center of the Earth*, 1867）和《海底两万里》（*Twenty Thousand Leagues under the Sea*, 1871）的作者儒勒·凡尔纳（Jules Verne）受到威尔斯的启发，于1897年写了

《威廉·斯托里茨的秘密》（*The Secret of Wilhelm Storitz*）。故事中，出现在书名上的斯托里茨利用隐形力量，向那些拒绝他追求的女人及其家人进行报复。隐身的奥秘再次暗示了伦琴的神秘射线。还没等这部小说（也是他的最后一部作品）出版，凡尔纳就离世了。之后，他的儿子对此书进行了大量修改，这部小说终于在1910年出版了。而凡尔纳原书的英译本也于2011年问世。[16]

菲利普·威利（Philip Wylie）1931年的小说《隐形杀人犯》（*The Murderer Invisible*）描写了一个更为邪恶的隐身人。威利是另一位具有巨大影响力的科幻小说家；他的小说《角斗士》（*Gladiator*, 1930）讲述了一个拥有超能力的男人——这被认为是漫画超级英雄（于1938年问世）的灵感来源之一。威利还写了一部经典小说《当世界毁灭时》（*When Worlds Collide*, 1933）。这是一个关于世界末日的故事；在故事中，人们发现有一颗行星脱离了轨道，正朝地球冲过来，地球将很快因此毁灭。于是，人们为了生存开始采取行动。

可用一个问题来概括《隐形杀人犯》的内容："要是《隐身人》中的格里芬真的能够实现恐怖统治，那会发生什么？"在这部小说中，一个名叫卡彭特的疯狂科学家成功获得了隐形能力，并干出了一系列谋杀、爆炸和纵火事件，全世界对此恐慌不已。但是，卡彭特的计划还没开始实施就濒临失败，因为他发现自己的骨头并没有像身体其他部分那样隐形。这样一来，他看起来就像一个活骷髅一样，非常扎眼。就在这时，一群暴徒闯进他家想控制他："卡彭特的反驳很疯狂：'你这个蠢货！我是人。和你一样，都是人！只不过是出了点小事故，我才像现在这个样子。这不是黑魔法，而是科学。'他的下巴扭动着，头骨从一边转到另一边。有人用棍子打他的头，他倒在地上。有的人将他按在地上，有的人用脚踹他。"[17]

当然，也有许多关于隐身人的电影。詹姆斯·威尔（James Whale）导演的《隐身人》（*The Invisible Man*, 1933）跟威尔斯的小说情节雷同。电影《透明人魔》（*Hollow Man*, 2000）由保罗·范霍文（Paul Verhoeven）执导，讲述了一个人接受实验，变成了隐身人，后因无法回归原样而发疯的故事。最近，由雷·沃纳尔（Leigh Whannell）导演的《隐身人》（2020）灵感也来自威尔斯的小说，但是讲述了独特的着魔的故事。故事设想了里面的反派角色穿的衣服能隐形。威尔斯的小说是隐形物理学史上的一个里程碑，从那时起，隐形及其危险性引起了大众的关注，至今仍是如此。在威尔斯之后，科学家们不可避免地会提出这个问题：隐形真的存在吗？

9

原子里面有什么？

每走一步，仪器的缺陷都会让我受到阻碍。像所有活跃的显微镜学家一样，我必须充分借助自己的想象力。事实上，这是对许多人的常见抱怨，即他们用大脑的创造来弥补仪器的缺陷。在我的想象中，自然界的深度无穷无尽，而我的镜头有限的能力却阻止了我探索的脚步。夜里我躺着，会在脑海里建构出一种功率无限大的显微镜，它能让我穿透物质外壳看到它最小的原子。

——菲茨·詹姆斯·奥布赖恩（Fitz James o' Brien），《钻石透镜》（"The Diamond Lens"），1858

尽管科幻作家早在18世纪就开始考虑隐形的可能性，但科学直到60年后才开始迎头赶上。科学上第一次探讨"隐形"这个概念的由来听起来很离奇：是因为人们尝试弄懂"原子是什么？"这个基本问题。原子的概念早在正式科学存在之前就已经出现了。"原子"这个名称来自古希腊；公元前5世纪，哲学家德谟克利特（Democritus）和他的老师勒庞（Leucippus）使用了这个术语，并认为所有物质都由这些基本的、不可分割的组成部分构成，周围被称为"虚空"的空间包围着。事实上，印度早在公元前8世纪就有类似的想法，始于印度教圣人阿鲁尼（Aruni）。这种关于原子的观点完全是基于哲学推论，而没有任何实验依据。在古希腊时期，后来的哲学家大多否定了原子论。直到17世纪，原子论才开始进入科学界，并且艾萨克·牛顿曾经推测过一个版本的原子论（未命名），并收录在他的《光学》后期版本中：

> 物质的最小粒子之间可以以最大吸引力聚合，形成吸引力更弱、体积更大的粒子；这些大粒子中很多可以聚合成更大、功效更弱的粒子，以此类推，直到化学操作及自然界色彩所依赖的最大粒子出现，并聚合成可感知的物体。[1]

然而，在大约一百年后，原子才进入科学主流。具有讽刺意味的是，就在托马斯·杨和其他人认识到光更像连续波而不是粒子的同时，其他研究者开始发现证据证明物质由离散的粒子组成，而不是由连续、无限可分割的物质组成。

这种观念变化是在英国化学家约翰·道尔顿（John Dalton）的推动下形成的。他在1807年开始出版的《新化学哲学体系》（*A New System of Chemical Philosophy*）中正式提出了原子理论。道尔顿认为，化学元素由极小且不可分割的粒子，即所谓的原子组成，并且同一元素（如氧）的原子都是相同的。关于道尔顿原子理论起源方面存在的奇怪而模糊不清之处，甚至连道尔顿本人也对此给出了自相矛盾的说法[2]。但他为这个讨论带来了一个重要实验依据，即现在被称为多比例定律：如果两种元素可以结合形成多种化合物，则第二种元素质量之比始终是整数倍数关系。

隐形：不被发现的历史与科学

最好用一个例子来说明：碳可以与氧结合形成两种不同的化合物，其中一种需要比另一种更多的氧气才能生成。以100克碳计算，在第一种化合物中需要133克氧才能生成；而在第二个化合物中则需要266克氧才能生成。道尔顿指出，在第二个化合物中含有数量完全是第一个化合物中含量两倍大小的氧分子，这表明第一个化合物中每个碳原子只有一个氧原子与之结合，而第二个化合物中每个碳原子则有两个氧原子与之结合。今天我们认识到这些化合物分别是一氧化碳和二氧化碳。多比例定律间接证明了原子的存在，因为它强烈暗示着物质必须以离散的微粒形式存在于自然界中。但它并没有直接展现出单个原子的效应，仍然存在其他假设可以解释该定律的可能性。道尔顿的工作让许多研究人员开始相信原子理论，但这种想法在19世纪始终备受争议。

20世纪初期的另一个实验观察结果最终证明了原子理论。1827年，苏格兰植物学家罗伯特·布朗（Robert Brown）在研究水中的小花粉颗粒时发现，从这些花粉中散发出来的微粒在水中表现出不规则、抖动的运动，仿佛它们有生命一般。布朗用无机物质的微小颗粒重复了这个实验，确认了这种运动并不只存在于有机生物中；然而，他无法解释是什么导致了这种"布朗运动"，这个谜题持续了大半个世纪。

研究人员逐渐开始接受原子的理论，但他们仍难以详细解释原子的本质。一个世纪以来，大家认为原子是刚性、不可穿透的球体，周围被一个"力场"包围，导致它们被某些元素吸引或排斥，从而导致化学性质上的复杂性，但即使这个模糊的概念也与正在进行的实验结论相冲突。在1844年，迈克尔·法拉第发表了《关于电传导和物质本质的一种推测》（"A Speculation Touching Electric Conduction and the Nature of Matter"），阐述了一些与原子相关的、令人非常困惑的观察结论。[3]

从传统的原子模型来看，固体材料由刚性原子球体紧密排列组成，但这些原子之间的互斥力让它们相互之间并不接触。但是，法拉第问道，为什么有些材料会成为强电导体而另一些则成为强绝缘体？他推断出像金或银这样的导体必须通过其间隙来传导电流，因此空间一定是一个导体。然而，如果从橡胶这样的绝缘体出发则会推断出相反的结论：空间必须是一个绝缘体。

刚性、球体的模型自然能让读者联想到一堆密集堆积的球体。但法拉第指出，在化学反应中，如果向某些物质里加入更多原子，这个物质的体积会减小。例如，如果将氧和氢加入纯钾中以获得钾水合物，水合物的体积反而会减小。如果原子是紧密堆积的球形，那么向混合物中添加更多原子一定会增加其体积。法拉第因此得出了比较有预见性的结论，即原子的外壳一定比围绕它们的力场小得多。法拉第甚至赞同来自拉古萨（Ragusan）的原子论者罗杰·约瑟夫·博斯科维奇（Roger Joseph Boscovich）提出的观点：一个原子纯粹是一个力场，并没有任何外壳或最多只有一个类似于点状球体在其中心。[4]

法拉第谨慎地将他对原子结构的讨论标注为"推测"，因为在他那个时代，没有已知的方法可以直接观察原子的结构，进而了解它们的组成。科幻作家菲茨·詹姆斯·奥布赖恩在他的故事《钻石透镜》（1858）中幻想创造了一种高倍显微镜，强大到足以窥视原子之间的空隙，并看到一个亚原子级别生物的未知世界。但托马斯·杨关于光波的理论证实，显微镜无法分辨比光本身波长更小的任何物体。可见光的波长约为二百万分之一米，足以窥视活细胞和其中某些结构，但远远不足以捕捉到原子细节（后来发现其大小约为百亿分之一米）。19世纪，人们逐步发现了更多和原子结构相

隐形：不被发现的历史与科学

关的、激动人心的线索。第一个线索是1869年俄罗斯化学教授德米特里·门捷列夫（Dmitri Mendeleev）提出的元素周期表。这张表格——其现代版本可能在世界上每个科学课堂的墙上都能找到——是门捷列夫在编写化学教材时提出的。当他试图根据它们的化学性质对各种已知元素进行分类时，他意识到这些元素按原子量递增形成了一种周期性结构。门捷列夫在表格中给未知元素留出了空位，并预测了这些尚未被发现的元素的属性。元素周期表推出后，陆续有不少这样的元素被发现，为他的理论提供了强有力的验证。周期表表明存在某种潜在结构将所有元素相互关联起来，但至于那种结构是什么，至今还没有人能说清楚。

下一个重要的线索是电子的发现，电子是电荷的基本载体。1895年，威廉·伦琴通过对带有电流的阴极射线进行实验发现了X射线；1897年，英国物理学家J.J.汤姆逊的实验证明这些射线实际上是一束带负电粒子流动而成的，每个粒子的质量甚至比最小原子质量的千分之一还要小。汤姆逊称它们为"微粒"，但后来"电子"这个名称被普遍采用。人们很快认识到电子是原子的基本组成元素之一，但仍然无法确定它们在原子结构中扮演着什么角色。

第三个关键线索是放射现象的发现。1896年，法国物理学家亨利·贝克勒尔（Henri Becquerel）对荧光现象进行了研究，一种材料吸收光后会在长时间内发出不同的辐射——它会持续发光很长一段时间。得知X射线被发现后，贝克勒尔想知道是否在荧光中也会产生X射线，并设计了实验来测试这个可能性。他用厚黑纸包裹了照相底片以防止可见光照射，并将荧光材料放置在底片上方。他把这个装置放置在阳光底下，推测阳光可能会引发荧光X射线，这些辐射能够穿透纸张并显影于照相底片上。他通过用荧光铀盐做实验证实了自己的假设，并于1896年2月末向法国科学院报告了结果。

然而，在为实验准备了大量底片之后，他碰巧遇到了一个多云的日子，于是便将带有铀盐的照相底片放入抽屉中，之后再做实验。几天后，当他开始处理其中一张底片时，却惊奇地发现，这比他在阳光实验中得到的图像更清晰。他进一步使用非荧光铀盐进行实验，得出了一个惊人的结论：铀自身会发射神秘的辐射，这种现象我们现在称之为放射现象。很快其他放射性元素也陆续被发现，同时还发现了三种射线；它们被标记为"α"（a）、"β"（b）和"γ"（y）辐射，以希腊字母表前三个字母命名。虽然，很多年以后放射现象才被完全参透，但它确实证实了原子内部结构非常复杂，并且包含了许多组成部分。

关于原子结构的最后一个重要线索是发现了原子能够发射和吸收光线。1814年，德国光学物理学家约瑟夫·冯·弗劳恩霍夫（Joseph von Fraunhofer）模仿牛顿一百多年前的操作，将棱镜固定在望远镜上，分离出阳光的颜色。观察阳光谱线时，弗劳恩霍夫注意到明亮的彩虹色谱被细小黑暗线阻断（图23），这些地方似乎没有任何来自太阳的辐射。后来追溯到这些黑线是由单个原子元素组成，并且发现每个元素都有特定波长吸收和发射光线。例如，如果

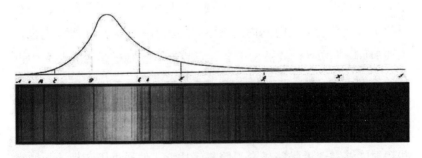

图23　约瑟夫·冯·弗劳恩霍夫的草图展示了太阳光谱中明亮连续谱中的暗线（此处以灰度方式再现；请务必在网上查看以彩色呈现的原始版本）

　　　　　　　　　隐形：不被发现的历史与科学

燃烧或电激发某种元素并使用棱镜分离颜色，则只呈现单亮线的频谱。相反，阳光穿透透明态（如气态）时表明元素在同一波长处吸收了光谱中相应位置处的能量。弗劳恩霍夫在阳光频谱中看到374条黑暗线代表了不同元素在太阳本身内部对其辐射的吸收。弗劳恩霍夫的观察让光谱学——通过物质的光发射来确定其化学成分——迅速发展，这至今仍是科学和工程领域的标准技术。

这些不同元素的光谱线清晰地揭示了有关原子结构的信息，但19世纪快要结束之前仍没有人知道如何对其进行解释。

然而，1885年，瑞士数学家约翰·雅各布·巴尔默（Johann Jakob Balmer）在六十岁时专门研究了最轻的原子元素——氢——的光谱线位置。通过一个非常简单的数学公式，他预测了可见光下所有氢光谱线的位置。1888年，瑞典物理学家约翰内斯·里德伯格（Johannes Rydberg）证明巴尔默的公式可以推广到对于氢在紫外和红外范围内的光谱线的推测，并估计其他原子的光谱线波长。这个公式是第一个能够定量推测原子结构的线索。到20世纪初期，科学界普遍相信了原子的存在，并且产生了一些精彩但尚不清晰的关于原子结构方面的线索。然而，直接研究原子结构的方法仍然还没有出现。在这种情况下科学家自然会对原子结构进行大胆推测。该时代一些最杰出物理学家（包括多位未来诺贝尔奖得主）都参与了这场持续了大约十年的原子结构推测热潮。（图24）

最早提出假设的是法国物理学家让·巴蒂斯特·佩兰（Jean Baptiste Perrin），他是原子论最坚定的拥护者之一。在一次关于"分子假说"的演讲中，他提出原子的结构类似于太阳系，有一个带正电的"太阳"，它的周围环绕着像行星一样的电子，"每个原子首先由一个或多个带强正电的质量组成，它类似于带正电的太阳，其正电荷明显高于粒子；其次，由大量粒子组成，这些粒子类似小型带负电荷的行星，所有质量都在电子作用下相互吸引，而且总负荷恰好等于总正荷，因此原子呈电中性"[5]。但佩兰的假设存在一个重要弱点：围绕正极太阳运动的电子轨道不稳定，很容易在任何显著扰动下崩溃。我们的行星太阳系看起来很稳定，因为（很幸运地）我们没有与太阳系其他星体发生碰撞；而行星原子则经常相互碰撞，在短时间内就会被击碎。

电子发现者J.J.汤姆逊用自己的模型来解决这一局限。[6]他想象原子的正电荷是一种带正电荷的液体，而电子则在其轨道内运动。汤姆逊做了约30页的计算，展示了在无误的情况下，该系统如何为轨道运动中的电子提供稳定性。这个模型被称为"李子布丁"模型，因为它将原子结构解释成电子"李子"环绕着带正电的"布丁"旋转。此外，汤姆逊进一步证明如果速度降至关键阈值以下，电子则可从"布丁"中抛离，产生可解释为放射的现象。

对于稳定性问题，日本物理学家长冈半太郎（Hantaro Nagaoka）

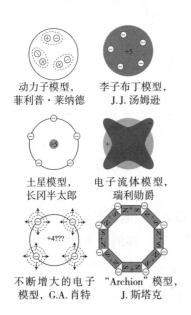

动力子模型，
菲利普·莱纳德

李子布丁模型，
J.J.汤姆逊

土星模型，
长冈半太郎

电子流体模型，
瑞利勋爵

不断增大的电子
模型，G.A.肖特

"Archion"模型，
J.斯塔克

图24　20世纪初提出的各种原子模型

　　　　　　　　　隐形：不被发现的历史与科学

在1904年[7]提出了一种不同的解释。他沿袭了佩兰关于带正电的太阳这一说法，但认为原子中的电子呈环状排列，就像围绕土星旋转的那些环一样。1839年，詹姆斯·克拉克·麦克斯韦从理论上证明了当出现轻微扰动时，土星环是稳定的，只会发生振荡，但不会分崩离析。长冈表明类似于土星的原子振荡能够产生与弗劳恩霍夫和其他人观察到的谱线大致相似的东西。

1906年，另一位著名物理学家加入了这场争论。瑞利勋爵（Lord Rayleigh）毕生为理论和实验物理学做出过无数贡献，主要集中在流体力学和光学方面，他正确地解释了天空为什么是蓝色的等问题。瑞利勋爵对汤姆逊的布丁模型进行了改进[8]：该模型假设一个原子中只有很少量电子，而瑞利勋爵考虑了一种相反的情况，即如果原子包含大量的电子，是否可以将它们视为一种流体？在他的计算中，瑞利勋爵发现，这些海水般的电子本身就像果冻一样会发生振动，并且这些振动可能产生离散的光谱线。然而，瑞利勋爵计算出来的光谱线与里德伯公式（the Rydberg formula）根本不匹配。

同样在1906年，英国物理学家、宇宙学家、多部技术及科普书籍的作者詹姆斯·金斯（James Jeans）提出了汤姆逊模型的另一个变体。他指出，在汤姆逊模型中涉及的物理量基础上，无法推导出依赖于波长或频率的数值。[9]因此，仅凭汤姆逊模型本身是无法产生元素离散光谱线的。鉴于这种情况，金斯认为电子可能和之前假设的不同，是有清晰边界的弹性球体而非点状粒子，并且这些电子球体可能会振动并产生线谱。

另一位研究者同样在1906年做出了关于原子的猜想。英国数学家乔治·阿道夫·肖特（George Adolphus Schott）认为，汤姆逊的模型中缺少了某种东西，他也认为答案可能是一个有清晰边界的电子。但肖特认为，电子的振动频率是由于电子不断试图增大其尺寸，但是受到了虚拟以太（电磁波传播）的阻力。[10]在他的计算中，肖特进一步指出，他的模型预测了电子之间存在吸引力，并推测这可能就是重力作用。肖特的理论并未受到其他研究者的重视，但这还不是肖特最后一次提出富有想象力的答案。

1906年原子模型引起了爆炸性的关注，而这并非巧合。当时一个默默无闻的物理学家阿尔伯特·爱因斯坦在一篇题为《关于小颗粒在静止液体中运动，如分子热动力学理论所需》（"On the Motion of Small Particles Suspended in a Stationary Liquid, as Required by the Molecular Kinetic Theory of Heat"）的论文中提出了他的观点。[11]在这篇论文中，爱因斯坦认为，在液体中小颗粒不规则的布朗运动可以通过可见颗粒与液体中看不见的原子之间的间歇性碰撞来解释。虽然此前已有人提出过类似想法，但是爱因斯坦详细地进行了数学分析，并做出了可供实验验证的预测，他的工作重新激发了人们对于原子结构的兴趣。到1910年，让·佩兰证实了爱因斯坦关于布朗运动的预测，最后一批怀疑者也在压倒性证据面前彻底投降。没人知道哪些有关原子的观察会最终成为揭示其秘密最重要的部分。上述研究者将注意力集中在解释巴尔默和里德伯格公式（Rydberg formula）上，而其他人则专注于理解周期表的结构。

匈牙利-德国裔物理学家菲利普·莱纳德（Philipp Lenard）在19世纪末对阴极射线进行了广泛的研究，并因此获得了诺贝尔物理学奖。他注意到材料吸收电子的能力取决于材料的质量，几乎不受其特定化学特性的影响。因此，他认为原子都是由相同的基本组成部分构成的，不同元素之间唯一的区别就是这些基本组成部分数量的多少。1903年，他提出所有元素的基本构成要素都是他所谓的"动力体"（dynamid）：即一个正电荷和一个负电荷的组合。[12]在他的模型中，原子质量与动力体数量成比例——即氢原子是单个动力体，氦显然会有四个动力体，等等。但是他并没有解释维持这些动力体结合在一起的束缚力。该模型只能粗略地解释周期表结构，但无法解释原子光谱线。

最具想象力的模型是由德国物理学家约翰内斯·斯塔克（Johannes Stark）在1910年提出的，他后来也获得了诺贝尔奖。[13]斯塔克也试图解释周期表的结构，他提出了一个被称为"archion"的正电荷基本单位，并将其想象成一种带有正电荷的微小磁铁。这些正电荷通常会相互排斥，但它们被磁力和带有负电子的原子核所吸引，从而聚在一起。斯塔克想象这些"archions"形成了由条形磁铁组成的闭环，并且有南北极。不同原子元素对应不同大小的环。斯塔克的模型体现了周期表的意义，但其局限性在于它无法解释里德伯格公式。值得注意的是，这些对于原子结构的描述并非空穴来风，全球的科学家通过科学期刊开展了这场头脑风暴。每位科学家都分享着自己并不全面的思路，并希望其他人能够在此基础之上再进一步接近真相。

但是在这个时期提出的所有模型都有一个根本性的缺陷：麦克斯韦方程预测，任何加速电荷（例如沿着环形路径移动的电荷）都会发射辐射。这在今天有着实际意义：每个无线电广播塔和手机都通过振荡电流来产生无线电波。在伊利诺伊州阿贡国家实验室，先进光源将电子送入近乎光速1100米周长的环形储存环中，并加速运动以产生可用于各种研究项目的X射线。之前提到过的所有原子模型都明确或者隐晦地认为电子沿着原子中心周围做环形轨道运动。研究人员很快计算出这些原子内部所包含的电子必须释放多少辐射，并发现这些电子应该在几分之一秒内耗尽所有能量并向中心区域坍塌。任何原子模型要想成立，就必须解释为什么稳定的原子可以存在。

在20世纪的前十年内，针对这一难题没有出现过重大的解决方案。然而，1910年，奥地利-荷兰裔的理论物理学家保罗·埃伦费斯特（Paul Ehrenfest）发表了一篇短文，标题为"无磁场和辐射场下的不规则电动"（"Irregular Electrical Movements without Magnetic and Radiation Fields"）[14]。埃伦费斯特认为，电荷向各方向扩展（例如詹姆斯电子球体振动）加速而不产生任何辐射是可能的。这一洞见后来被认为是与"隐形"相关的第一篇物理学重要科学论文之一。

在这项工作进行时，埃伦费斯特才刚开始接触科学。他对统计力学产生了兴趣。该学科用数学方法来描述大量粒子（如液体和气体中的分子）的行为。由于爱因斯坦解释布朗运动而引起人们对统计力学的浓厚兴趣，充分证明了使用统计方法来量化物理问题的能力。埃伦费斯特在1904年获得博士学位，在1906年与妻子塔蒂亚娜一起撰写了一篇关于统计力学的综述文章，他的妻子也是一位才华横溢的数学家。埃伦费斯特最终被认为是该领域奠基人之一。埃伦费斯特始终心系原子及其行为研究，因为他很清楚地意识到了现有原子模型存在的问题。

在论文的开头，埃伦费斯特借助理论物理学家工具箱中最强大的工具之———对称性来举例。首先，他想象了一个无限大的平面材料，其表面均匀分布着电荷。当该片不运动时，其电场必须垂直于该片，因为该片沿着表面每个点看起来都是相同的：它在表面上是对称的。然后他想象这片材料上下振荡。（图25）这个带有电荷的薄片正在加速运动，并且它应该产生辐射。但是任何产生出来的辐射也必须垂直于该片，并且任何产生出来的磁场也必须垂直于该片。这意味着通过此系统生成电磁波唯一可能的方式就是让电场和磁场同时指向波传播方向。但正如麦克斯韦所示，电磁波是横波并

　　　　　隐形：不被发现的历史与科学

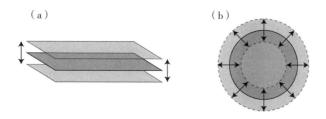

图25　保罗·埃伦费斯特的简单模型：（a）一个无限振动的上下平面，（b）一个缩张
的球体

且总是将电和磁场垂直于波传播的方向。因此，埃伦费斯特认为该系统不会产生辐射。由振荡的薄片产生出来的电和磁场仅局限于薄片的周围区域。

埃伦费斯特本人承认这个例子并不符合自然规律，因为它需要一张无限长宽的电荷片，而这在自然界中是不存在的。所以，他提出了第二个例子：一个均匀涂有电荷的球壳，其半径可能增长或缩短。我们可以将这个例子想象成一个气球，上面撒满了带电粉末，并快速地充气和放气。所有电荷的运动都是沿径向进行的，朝向或远离球体中心；同样由于对称性，在径向上也是唯一可能存在电场和磁场方向以及波传播方向。此外，波只能沿径线传播。埃伦费斯特说道：我们又遇到了这样的情况，在其中唯一可能存在电场、磁场和波传播方向都是径向；但由于波只有在这三个量全部垂直时才能传播，因此这样的波不存在。不断放大缩小的球体也没有辐射。

物理学中的对称性论证可能很难理解，所以我提出了类似哲学中的布里丹之驴理论（Buridan's ass）的论点。这个术语来自14世纪法国哲学家让·布里丹（Jean Buridan）。想象一头驴被放在两堆相同的草料之间，距离相等。布里丹和其他人认为，驴子会去靠近它的那堆草料。由于两堆草料都是同样接近的，驴子无法决定去哪一边，因此将留在原地饿死。这个悖论在哲学中是用来讨论自由意志概念的。我们可以用布里丹之驴的思路来解释埃伦费斯特的对称性论证。为了使电磁波从振动平面传播出去，它必须具有横向电场和磁场——也就是说，这些场必须沿着平面表面某处指向某个方向。由于该系统无法确定电磁波的方向，因此不可能产生电磁波。

埃伦费斯特的理论并不仅仅依赖于这两个简单的例子。他还展示了如何利用麦克斯韦方程理论上构建各种加速电荷的扩展分布，而这些分布不会产生辐射。远非孤立怪异的现象，无辐射振荡物理可以被视为电磁波理论的基本部分。虽然，点状电荷在加速时总是会产生辐射，但扩展电荷体积则有可能加速时不产生辐射。

埃伦费斯特的理论并没有得到太多关注，在整个物理学界仍然鲜为人知。可能是因为他的时机不太对。和原子结构相关的新实验数据彻底扭转了局面，开启了全新的物理时代。早在1895年，菲利普·莱纳德就证明了电子可以穿透薄石英片。由此他得出结论：为了让电子通过，原子之间必须存在相当大的空间。这项工作有着更重要的意义：它成功表明，电子和其他小粒子有探测物质结构的潜力，这是光无法做到的。

新西兰物理学家欧内斯特·卢瑟福（Ernest Rutherford）决定探索这一可能性。1895年，卢瑟福获得了一份奖学金并前往剑桥大学的卡文迪许实验室进行研究生阶段的研究，在这个时间点，X射线、电子和放射现象都已被人发现。他在J.J.汤姆逊的指导下工作，因此亲历了电子的发现过程。1898年，卢瑟福接受了加拿大麦吉尔大学的教授职位，他在麦吉尔大学进行了大量关于放射现象和X射线方面的研究。他的一个重大发现是观察到不同形式的放射现象的存在，并将其命名为 α 和 β 辐射。他还取得了许多与放射现象相关的发现，并于1907年回到英国，接受了曼彻斯特维多利亚大学职位。

一年后，他因"元素的分解及放射性物质的化学"的研究而被授予诺贝尔化学奖。[15]

在曼彻斯特维多利亚大学的卢瑟福决定研究α粒子与物质的相互作用。α粒子已经被确认为带正电荷的大量微小球体，基本上就是剥离了电子的氦原子。通过薄层物质时，α粒子应该会因与材料中原子的相互作用而稍微偏转。根据汤姆逊提出的布丁模型，这种偏转应该非常小——扩散的"布丁"对高速α粒子提供了很少阻力，并且布丁中的电子质量太低，因此不能构成一个显著障碍。卢瑟福和他的助手汉斯·盖革（Hans Geiger）使用放射性源将α粒子发射到金箔薄片上进行实验。选择金箔是因为它可以被锤打得非常薄，能够达到精确的厚度。卢瑟福和盖革通过向原子内部发射α粒子来探测其内部结构。在最初的实验中，卢瑟福和盖革找的是直接落在金箔背面处偏转过来的α粒子。他们的结果表明，α粒子的散射大多呈同一个角度，似乎证实了汤姆逊模型。1909年，卢瑟福提出了一项新实验，他后来这样描述了这一过程：

> 有一天，盖革来找我说："你不觉得马斯登应该开始进行小型研究了吗？我指导他学习了放射现象。"我也这么想，所以我说："也许可以让他尝试将α粒子散射到大角度？"我可以告诉你的是，我其实对此并不抱希望，因为我们知道α粒子是非常快速和高能量的重质粒子，并且如果散射是由多个小散射的累积效应引起的话，一个α粒子被反弹回来的机会非常小。然后我记得两三天后盖革兴奋地跑过来对我说，"我们已经能够让一些α粒子向后散射了……"这几乎是我的一生中最难以置信的事件。这就像你朝着一张餐巾纸发射了15英寸的大炮弹，然后它反射回来击中了你自己一样，简直难以置信。[16]

根据汤姆逊的李子布丁模型，不应该有α粒子被反射回来。卢瑟福通过分析实验数据得出了结论：只有当原子由一个非常小、非常重的正电荷核心组成时，α粒子才可能向后运动；而电子则围绕着这个核心做轨道运动。佩兰最初提出的行星式原子理论——一个类似太阳般带正电荷的核心被行星状电子包围的理论——看起来已经得到证实。然而，佩兰十分慷慨地将全部功劳归于卢瑟福。在他自己1926年诺贝尔奖颁奖演讲中说：

> 我相信自己是第一个提出原子具有类似于太阳系结构假设的人，其中"行星"电子围绕着一个带正电荷的"太阳"运转，中心的引力被惯性力平衡（1901）。但我从未尝试过，甚至没有见到过任何能够验证这个假设的方法。卢瑟福（他无疑是独立得出这一结论的，但他很细心地提到了我在演讲中提到的内容）清楚他的理论和J. J. 汤姆逊的理论之间的本质区别在于，在带正电荷且规律转动的太阳周围，存在着巨大的电场，与具有相同电荷但包含整个原子的均匀正球内外部存在的电场相比，这个电场要强得多。[17]

卢瑟福1919年公开了他的发现，原子物理学随之进入了一个新时代。[18]关于原子的一般结构已经没有任何疑问：一个原子由一个微小、重量很大且带正电荷的核心和绕核运动的电子组成。随后人们还确定了核本身由多个密集堆积的粒子组成；放射现象可以解释为较重核裂变所致。但是，卢瑟福提出快速绕着核旋转的电子模型重新引发了人们对埃伦费斯特曾尝试解答的问题的关注，那就是："为什么原子不会发出辐射？"

这个问题需要数年时间才能解决，正确答案是早期原子模型学者没有考虑到的一种全新的物理系统——我们现在称之为量子理论。量子物理学不再需要通过埃伦费斯特的理论解释原子结构，但是多年后，人们又试图用埃伦费斯特的理论来反驳量子物理学的观点。

10

最后一个伟大的量子论怀疑者

我改造了初版全身甲，初版还太过粗糙。说是全身甲，其实是柔韧透气的金属网衣，分量不重，网眼极为细密，肉眼无从寻辨。穿上以后，呼吸顺畅，排汗正常，活动自如，但连人带衣一起销形匿迹。腰上装载的特殊电池为网衣提供细微的电流，光子一旦击中网衣表面就会反射出去。假如一个光子打在背部，它会穿过我的身体，直接到达胸前，然后再放射出来——就好像我一开始就没有妨碍它。

这就是我隐形的原理：光穿透我，比穿透玻璃还容易。

——安多·邦德（Eando Binder），《看不见的罗宾汉》
（*The Invisible Robinhood*），1939

早在卢瑟福证实原子核存在前，新型物理学的种子就已经埋下。自19世纪中期始，研究人员就在以太阳、恒星和电炉元件等炽热到足以发光的物体为对象，探究它们的发光原理。他们很快发现，这些物体拥有类似的总光谱；比如，在约瑟夫·冯·夫琅和费（Joseph von Fraunhofer）画的太阳光谱草图中，上部曲线显示了太阳亮度与波长的关系。这个光谱忽略了特定元素吸收产生的黑色谱线，形成了一个普适模型。该模型的波长只取决于物体的温度，峰值随着温度的升高向更短的波长移动。因此，"红热"物体的温度要比"白热"物体更低。

为了理解这幅热光谱，物理学家想象出理想物体"黑体"：先假设它能完美吸收照亮它的辐射，再计算它如何重新发射电磁辐射。许多研究人员试图从基本的物理原理中推导出黑体的光谱，但19世纪将尽，还是没有人找到与实验数据完全匹配的结果。

直到19世纪末，德国柏林的一位理论物理学家兼教授马克斯·普朗克（Max Planck）找到了答案。其他研究人员是从基本物理原理出发，试图从这些原理中推导出黑体光谱的数学模型；而普朗克反其道而行之，先搜索与实验数据一致的光谱数学模型，再倒推能产生这一数学结果的物理理论。

他对黑体辐射的研究始于1894年，到了1900年，他已经提出了一个黑体光谱公式，不仅与实验数据相匹配，而且无懈可击。他无疑找到了正确答案，但却对推导过程一无所知。

起初，普朗克试图用那个时代的已知物理学来解释这个结果，但却以失败告终。黑体中存在两个相互作用的系统："振荡器"以及电磁辐射本身。"振荡器"大概率就是原子，它们振动并发出电磁辐射，而电磁辐射又被原子重新吸收。基于麦克斯韦的电磁波理论[1]，普朗克预言，原子能必然完全转化为电磁波，使物质变冷、能量耗尽，但这与实验情况完全相悖。事后看来，普朗克与当时的物理学家陷入了类似的困境——他们想不通，为什么原子不会立即以

---

[1] 麦克斯韦通过计算发现电磁波的速度正好等于光速。于是，他预言"光是一种电磁波"，这个预言后来被赫兹证实。

电磁波形式辐射掉所有能量；而普朗克不知不觉中迈出了解决这两个问题的第一步。

最终，普朗克对黑体的振动原子做出了空前的假设，从而找到了解决方案：他假设它们只能一份一份离散地发射电磁能量，只能取最小数值的整数倍，他称这个最小数值为能量子，基本作用量子与电磁波的频率直接成正比。正如多年后普朗克自述：

> 简言之，我只是死马当活马医。本质上讲，我倾向于稳扎稳打，拒绝一切不确定的冒险。但那时我已经花了六年时间研究辐射和物质之间的平衡问题，仍一无所获。我知道这个问题对物理学的进步举足轻重；我还知道正常光谱中的能量分布公式。因此，我必须不惜一切代价找到一个理论去解释它。[1]

可以说，普朗克是新物理学的先驱。他发明了一个新的基本常数，即普朗克常数，在方程中被标记为h。一个给定频率的能量量子将由普朗克常数乘以频率给出。能量标记为E，频率标记为希腊字母ν，所以光量子能量的公式就是$E=h\nu$。[2]然而，普朗克自己并不认为这一突破开创了物理学的新时代；他对能量子的评价是："这纯粹是一个形式上的假设，我完全没有深思熟虑，只是觉得无论如何都要得出一个正面成果。"[3]

随着19世纪物理学的另一个难题被解决，人们对普朗克的看法逐渐扭转。这一难题如今被称为光电效应，是海因里希·赫兹在1887年验证麦克斯韦的电磁波预言时发现的。为了探测电磁波，赫兹使用了一根导线天线，线中有间隙，称为火花间隙；传入的电磁波会在电线中诱发电流，导致电火花跃过间隙。为了更好地看到火花，赫兹将天线放到了一个黑盒子里。令他惊讶的是，火花变弱了。调查表明，暴露在紫外线下会使火花变强，因为被照亮的金属表面会释放电子。

这个结果并不意外。当时人们都知道电磁波会携带能量和动量，那么它驱动电子从金属表面释放出来也是可以理解的。然而，菲利普·莱纳德在1902年的实验进一步表明，光电效应难以用光的波浪理论解释。[4]莱纳德测量了电子从金属表面射出的速度，发现其与紫外线辐射的强度无关。此外，电子射出的速度取决于光的频率：光频越高，电子速度越快。若根据光的波浪理论推测，那么决定电子速度的应该是光的强度，因为强光对应着强能，而能量可以被传递给电子，和光的频率毫无干系。莱纳德等一众物理学家苦苦寻觅一种波浪理论，期待它能够解释光电效应的奇怪特性。

1905年，阿尔伯特·爱因斯坦终于发表了揭晓答案的论文，彻底改变了人们对光和物质的理解。这篇论文名为《关于光的产生和转化的启发式观点》（"On a Heuristic Viewpoint Concerning the Production and Transformation of Light"），是他在1905年发表的三篇主要论文中的第一篇。[5]这三篇中的最后一篇还介绍了他的特殊关系理论，我们稍后再论。

爱因斯坦在解释光电效应的同时，也修正了百年来人们对光性质的误解。托马斯·杨证明了光是一种波；爱因斯坦则认为，如果光同时也是一种粒子，那光电效应就解释得通了。他特别强调，普朗克提出光量子不仅仅是为了数学运算，而是因为那就是光的基本性质。光的单个粒子最终被称为光子。在光电效应中，光子会一对一地将金属表面的电子击落。我们可以把电子想象成台球桌上的目标球，把光子想象成母球。母球击打目标球，目标球就运动起来。因为光子的能量取决于波频，所以频率高的光子会以更快的速度击落电子。又因为光子和电子属于一对一的相互作用，所以光的强度（光子的数量）只影响其击落的电子数量，而不影响击落的速度。

两百年前，牛顿提出光微粒说，指出光只会像粒子一样运动。爱因斯坦并不认同，他认为光既有波的特性，也有粒子的特性，有时像波，有时像粒子。当光在空间或介质中传播时，就呈现波的特性；当它在探测器上被吸收时，就呈现定域粒子的特征。这种波粒二象性的观点是量子物理学的一个基础概念，物理学家至今仍在争论它的确切含义。[6]

意想不到的是，光电效应被应用到了科幻小说中，为隐形原理提供了一种独特的解释。在安多·邦德的小说《看不见的罗宾汉》中，一位始祖级的超级英雄制作了一套金属网衣，将网衣通电，光子就会从身前穿透到身后，达到隐身效果。光电效应没有被明确提及，但其影响力可见一斑。

大众难以接受爱因斯坦的光量子假说。尽管爱因斯坦提出的数学方程最终与实验结果一致，但当时许多杰出的物理学家认为他对新物理学的应用过于激进，甚至提出光量子概念的马克斯·普朗克本人也持怀疑态度。物理学家罗伯特·米利肯（Robert Millikan）准确描述出了这种共识性的疑虑，他在1916年说道：

> 1905年，爱因斯坦首次将光效应与某种形式的量子理论结合起来，提出了一个大胆的，甚至可以说是鲁莽的假设：一个能量为$h\nu$的电磁光团，其能量被吸收后会转移到电子上。这个假说非常天马行空，首先，空间中定域的电磁扰动就违反了电磁扰动这一概念本身；其次，它和当时已确证无疑的干扰规律判然相悖。[7]

简言之，过去一百年里，光的波理论已被证明，而光作为一个定域粒子的概念似乎与作为一个非定域的波的概念完全矛盾。大多数物理学家认为，新物理学引入的问题比它解决的还要多。

然而，有一位物理学家却乐意引领新物理学的飞跃，甚至比爱因斯坦走得更远，他就是丹麦人尼尔斯·玻尔（Niels Bohr）。玻尔于1885年出生在哥本哈根，1903年进入哥本哈根大学，主修物理学。他的父亲是同校的生理学教授。在大学，他很快脱颖而出，以有关水表面张力的论文获得丹麦皇家科学文学院的金质奖章。由于物理系没有自己的实验室，玻尔这篇论文是在他父亲的实验室完成的。

本科毕业后，他继续在哥本哈根大学深造，于1909年获得硕士学位，1911年以金属电子论相关论文获得博士学位。同年，他拿着奖学金前往英国，会见了一些重要的科学家，包括电子的发现者J. J. 汤姆逊。他没能留在汤姆逊的实验室，但遇到了欧内斯特·卢瑟福。当时卢瑟福刚刚发现了原子核的存在，于是邀请玻尔在曼彻斯特与之共事。就此，玻尔跻身原子结构研究的核心圈。

1912年，他回到丹麦，脑子里还一直想着原子。同年，他成为哥本哈根大学的讲师，并于1913年达到副教授同等级别。1913年中期，他提出了一个新的原子结构模型，并于当年7月、9月和11月各发表了一篇论文（如今被称为"三部曲"）。

从前，在卢瑟福的原子核说与经典电磁学之间，研究人员选择了保留电磁学并寻找其他的原子模型。毕竟经典物理学已经预言，像卢瑟福假说中那样的行星式原子必须在很短的时间内辐射掉所有的能量，那就像痴人说梦。然而，玻尔在写第一篇论文时做出了截然相反的选择：他认为卢瑟福的描述是正确的。像原子这样小的物体，其所适用的电磁定律必然有所不同。[8]

随后，他提出了两个关键假设：（1）光，也就是爱因斯坦所预言的离散小体（光子），是由绕原子运行的电子发射和吸收的；（2）电子只能在离原子核特定距离的轨道上运行。玻尔称这些电子的状态为定态，意思是电子在这些符合量子化条件的轨道上运动时，处于稳定状态。处于定态的原子不会像麦克斯韦理论所预测的那样发出光辐射。

玻尔认为，电子只能从某个特定轨道"跃迁"到另一个；从外轨道跃迁到内轨道时，它们会释放一个光子。光子的能量及频率取决于电子在跃迁过程中的能量差。一个适当频率的光子可以被原子吸收，使电子从内轨道跃迁到外轨道。（图26）

那么这些特定的轨道源自哪里？玻尔认为，电子在绕核轨道上的角动量（旋转动量）只能采取离散值。公式 $E = h\nu$ 表明，一束给定频率的光所具备的能量只能是离散值的倍数。从本质上讲，不仅光的能量是量化的离散量，电子的角动量也是如此。而单一量子的角动量使用的是普朗克常数 h，表明玻尔的原子和爱因斯坦的光子都与新物理学有关。

显而易见，玻尔的模型充满假设，研究人员本来有充分的理由对其不屑一顾，然而这个模型几乎完美符合巴尔默和里德伯格的氢原子发光公式，这让人们不再抗拒用新物理学来解释原子。这一发现也为玻尔赢得了1922年的诺贝尔物理学奖。

一个概念上的重要问题仍有待回答：为什么电子的角动量是量化的，或者更笼统地说，为什么电子会有稳定态？1924年，法国物理学家路易·德布罗意（Louis de Broglie）在他的博士论文中解答了这一问题。德布罗意于1892年出生在一个贵族家庭，起初有志于人文学术。但他的哥哥莫里斯是一位从事X射线研究的物理学家，与之交谈后，德布罗意被物理学深深吸引了。他在1913年获得了物理学学位，1914年在一战中为军队开发无线电通信技术。1919年退

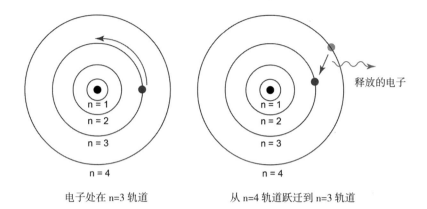

电子处在 n=3 轨道　　　　　　从 n=4 轨道跃迁到 n=3 轨道

图26　尼尔斯·玻尔原子模型。电子在特定距离的轨道上运行，距离用数字"n"代指，当电子从远距离轨道跃迁至近距离轨道时，就会释放一个光子

役后，他立刻赴巴黎大学攻读博士学位，重新拾起那些为战争所累而搁置的物理学问题。

在与莫里斯的早期工作中，德布罗意曾研究过光电效应和X射线的特性。通过研究光电效应，他清楚地意识到光子的存在和光的波粒二象性。正如此前许多人所观察到的那样，德布罗意进一步指出，X射线是一种波长很短的电磁波，作用方式有粒子性。这一观察使德布罗意走上了革命性的道路：光被认为是一种具有粒子性质的波。同理，他推断物质可能由具有波性质的粒子组成。如果一个电子的波长非常短，那么大多数情况下，它的表现就像粒子。1929年，他在诺贝尔奖获奖感言中提道："另一方面，要确定原子中电子的稳定运动，就要涉及整数。到目前为止，物理学中涉及整数的只有干涉和本征振动现象①。这使我想到，电子也不能被视为简单的

① 本征振动，即最简单、最基本的振动，也就是分子中所有原子以相同频率和相同位相在平衡位置附近所做的简谐振动。

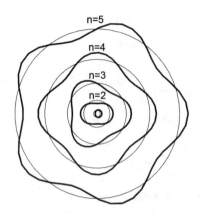

图27　据路易·德布罗意所绘，原子核圆周形轨道上的电子波，按离核远近以数字"n"升序排列

小体，它的运动应该存在周期性。"[9]德布罗意把电子设想为围绕原子圆周传播的振动。杨观察到，在风琴管中，只有特定波长的波才"适合"风琴管；同样，德布罗意推断电子波只适合原子核周围的特定圆形路径。有了这个波模型，德布罗意就能将玻尔的假设往前推进，推导出电子轨道的角动量条件。（图27）他在1924年成功通过了博士论文答辩，到1927年，干涉实验证明了电子的波特性。量子物理学的时代已经全面到来：如今人们认识到，自然界的一切，包括光和物质，都具有波粒二象性。

新的量子理论最终回答了长期困扰物理学家的问题：为什么电子在绕核运动时不会产生辐射？答案是，电子在定态下根本不运动，而它只是包围着原子核，呈现分散的云状——像风琴管中的声波一样，是种驻波。保罗·埃伦费斯特在量子理论中关于电荷无辐射振荡的假设由此被证明无用。

和所有的新理论一样，量子物理学在其诞生之初争议颇多。其早先依赖许多假设（量子化的光、定态轨道等等）才得以成立。在许多人看来，这些假设给物理学带来的问题比它们解决的问题还要多。[10]随着研究的继续和精确化，实验证据和理论论证得到极大充

　　　　　　　　隐形：不被发现的历史与科学

实，量子理论得以站稳脚跟，怀疑者大多对其有所改观。尽管德布罗意之后仍有问题存在，但大多数物理学家开始接受与光和物质相关的革命性新观点。[11]

但还有一位理论家，英国物理学家、数学家乔治·阿道夫·肖特仍不相信量子物理学的真实性。他耗费了大半职业生涯试图证明，麦克斯韦的经典电磁学理论可以用来推导出所有已知的原子特性。尽管这一目的并未实现，但他得出了与埃伦费斯特的无辐射运动有关的新理论结果，使物理学向着隐形的实现更进一步。

关于肖特早年生活的记载相对较少。他出生在英国的布拉德福德，在那里接受了基本教育，而后于1886年进入剑桥大学三一学院。1890年，他获得了文学士学位，并于三年后成为了阿伯里斯特威斯大学（当时隶属于威尔士大学）的物理学讲师。他很早就对电磁学理论感兴趣，于1894年发表了第一篇科学论文《论光的反射和折射》（"On the Reflection and Refraction of Light"）。[12]

1903年，肖特加入了席卷科学界的原子结构猜想热潮。1906年，他就膨胀的电子发表了自己的第二篇论文。之后四年，他继续研究自己和其他人的原子模型，主要聚焦"原子如何在不发射辐射时保持稳定"这一问题。1907年的一篇论文中，他讨论了原子如何由不同的电子环组成、如何在离核不同距离的轨道上运行等问题，并做出了有力的表述："任何两个基团，由于它们的永久运动相互干扰并发射波，波的能量会消耗基团的能量，因此，这个体系不能一直存在。但是，如果扰动产生的所有最强波都被基团中几个电子之间的干扰破坏，那么能量的消耗和随之而来的结构变化就会进行得极其缓慢。"[13]托马斯·杨在他著名的双缝实验中证明了来自两个狭缝的光可以相互干涉，在某些点上，它们的波会完全抵消，造成相消干涉的现象。无独有偶，肖特认为，两个绕轨运行的电子环发出的波即使不能完全抵消，也会在很大程度上相消，导致原子几乎不能发出辐射。他提出了一种前所未有的干涉，没有数学来支持他的直觉猜测，但就在我们的注视下，他正在揭开一角了不起的面纱。

由于对电子辐射的详细数学研究，肖特在科学界声名鹊起，很快成为了这一领域的顶尖专家。基于对这个问题数学方面的兴趣和实力，他于1909年成为阿伯里斯特威斯大学数学系的讲师，并于1910年晋升为系主任。

肖特竭力用电磁理论来解释原子结构，这对玻尔在1913年提出的新模型显得颇具冲击性。肖特认为，玻尔模型中引入的全新的物质理论疑点重重，他不惜穷余生之力试图证明：原子的特殊性质，尤其是玻尔提出的无辐射轨道，完全可以只凭麦克斯韦的理论去解释。在1918年发表的论文中，他谈到了麦克斯韦的理论："毫无疑问，没人愿意放弃这么好用的理论，除非有更有用的出现。"值得一提的是，他并没有否认玻尔工作的有效性，因为他认为这些结果"非常精确，极可能建立在相当坚实的正确原理之上"[14]。

尽管越来越多的研究人员和科学证据表明，新物理学对于解释原子的结构至关重要，肖特仍在默默坚持自己的立场，努力用经典的波动理论来推导无辐射轨道。后来这项工作变得更像是一门副业，因为他在大学承担的职责加重了：1923年起，他兼任应用数学和纯数学两系的系主任，1932年则更进一步，履职副校长。

在1933年，也就是退休当年，他终于取得了重大突破，成果发表在一篇论文里，题为《运动的均匀刚性带电球体及其无辐射轨道的电磁场》（"The Electromagnetic Field of a Moving Uniformly and Rigidly Electrified Sphere and Its Radiationless Orbits"）。[15]他完成了大多数研究者眼中不可能的任务：在电荷分布加速而不产生辐射的条件下找到麦克斯韦方程的解。

肖特设想了一个空心球体，在其表面均匀涂上一层薄薄的电荷，就像一个"用细金属线悬浮的金属球体，这样它就可以随意接地或绝缘"[16]。他想象这个球体开始周期性地沿任意路径运动：圆圈、"8"字形，甚至更复杂的路径都可以。通过极其详细的数学计算，肖特表明，如果这样一个球体以任何一组离散频率之一振动，它将不会产生任何电磁辐射。这些频率与氢原子的定态不匹配，因此不能用来建立原子模型，但肖特已经大致证明了他的初衷：电荷可以在无辐射情况下振荡。这些奇怪的结构最终被命名为非辐射源：与这个名字矛盾的是，它们其实是不产生辐射的辐射源。

这种无辐射运动源自何处？肖特本人没有给出任何具体解释，但他通向这一结论的运算中隐含着线索。肖特的计算表明，如果运动球体的振荡周期（绕一圈所需的时间）是光穿过球体直径所需时间的倍数，那么运动球体就不会产生辐射。这表明，在球体一端产生的光波会传播到球体另一端发出，并被另一端发出的光波抵消。干涉现象又出现了，但是以一种非常特殊的形式。在杨的实验中，两点发出的光会在某些点产生相长干涉，而在另一些点产生相消干涉。肖特发现，可以创造出一种移动的电荷分布——一大批发光点的集合——在这种分布中，来自任何点的组合波在电荷移动区域之外的任何地方都会产生相消干涉。

这个结果的确极其奇怪。我们所有的无线通信技术，如无线电、手机和Wi-Fi，其原理都是振荡电荷产生电磁波。而肖特的研究结果表明，可能设计出一种手机，它具有特定的形状，但打电话时不会发出电波，因为所有的能量都集中在手机本身。

在科幻小说中，似乎只有A. E. 范·沃格特（A. E. van Vogt）这位作者使用了接近相消干涉的手段描写隐形。在他的小说《斯兰》

（Slan）中，主人公使用解体技术消灭了所有与飞船相互作用的光子，使飞船达到隐形效果。

肖特的结果也有其局限性。他推导出的无辐射轨道的条件要求球体半径远远大于球体所遵循的路径的长度——球体的运动可以说是一种"摆动"而非"绕轨运动"。尽管如此，这个结果还是具有开创性的，肖特的余生都在努力完善他的理论，在1936年和1937年发表了一系列关于带电球体运动的论文。[17]

肖特也意识到他的模型无法解释玻尔的原子模型，于是转而寻求将其应用于基础物理中的其他难题。自卢瑟福发现原子核以来，人们已经认识到原子核本身是由更小的粒子组成的，其中一种就是带正电荷的质子，它与电子所带的电荷恰好相反。元素周期表上每一种元素都代表一个质子数不同的原子。1932年，英国物理学家詹姆斯·查德威克（James Chadwick）通过实验证明了中子的存在。中子是一种质量几乎与质子相等但不带任何电荷的粒子。1933年，肖特在他关于无辐射运动的论文中提出，中子可能是两个无辐射轨道的壳层，一个带正电，一个带负电，彼此绕轨道运行。但这个想法很快就被核理论研究人员否决了。

1937年，肖特溘然长逝，没能完成对辐射的研究；最后一篇论文在其死后发表。人们称肖特为最后一个伟大的量子论怀疑者——在有大量实验证据证明量子理论、粉碎所有怀疑之前，他是最后一批挑战它的人之一。人们缅怀他、尊敬他，正如皇家学会在他的讣告中所写的："解答数学难题难于登天，但以数字运算求索答案，肖特的技巧已然登峰造极。这是一个英勇'卫道士'的临死反扑。成败与否，谁又能说得明白呢？我想，未来人们还是会在肖特身上寻找灵感，解决理论发展道路上遇到的困难。"[18]

身处现代的我在阅读肖特的论文时，同样对他娴熟运用麦克斯韦方程、巧妙得出结果的功力感到敬畏。肖特的确堪称电磁波理论领域的艺术家。

在接下来的几十年里，研究人员分别尝试重新开发肖特的无辐射轨道，和他一样努力为这个惊艳的结果寻找用武之处。1948年，量子物理学家大卫·玻姆（David Bohm）和马文·温斯坦（Marvin Weinstein）发现了更普适的无辐射轨道模型，甚至能够显示，在无外力存在的情况下，一些无辐射电荷分布有可能自振荡。[19]我们可以把其中一个自振荡系统想象成装满水的空心球，球是电荷的球壳，水是电荷的电磁能量。我们可以通过摇动水球使它振动，水的内部运动与水球的外部运动相平衡。同理，玻姆和温斯坦想象壳的运动和壳内电磁能量的运动相互平衡。

在玻姆和温斯坦的时代，中子物理学已经相当成熟，但新被发现的粒子还有待解释。早在1934年，日本物理学家汤川秀树（Hideki Yukawa）就预测了介子的存在，1947年，研究人员塞西尔·鲍威尔（Cecil Powell）、塞萨尔·拉特斯（César Lattes）和朱塞佩·奥恰利尼（Giuseppe Occhialini）发现了介子。玻姆和温斯坦利用这个机会提出，也许介子就是普通电子的激发态，在它们自己的电场中自行振荡。这一假设也很快被推翻，因为介子的特性与激发态电子模型不相容。

1964年，新墨西哥州立大学的教授乔治·戈德克（George Goedecke）进一步推广了玻姆和温斯坦的理论，他大胆提出，无辐射运动可用于构建"一种'自然理论'，其中所有稳定的粒子（或集合体）只是非辐射电荷电流分布，其机械特性源于电磁"[20]。这一假设也没有获得科学界的任何支持，因为现代粒子物理学的发现表明，哪怕是物理学最基本规律，也足够奇诡复杂，不是一种简单的电磁理论能够解释的。

以上例子表明，到20世纪中期，无辐射运动已经成了一则现成的解决方案，只是还没找到用武之地。许多研究人员看着这些电荷分布的显著特性，觉得它们一定描述了自然界中的某种真理，并努力在物理学中加以应用。

　　在戈德克与这个问题斗争的同时，其他研究人员还在开发新的技术。在迥然不同的背景下，这种"看不见的"电荷分布会变得至关重要。

11

透视物体内部

为了减轻布兰德先生失误的影响，必须指出，他从没想过自己会变为一具骷髅。这种雄心勃勃的想法连一秒也没出现在他的脑海过。数量惊人的骨头可以说是被堆砌在他身上的。换句话说，他的血肉被移除了。从长远看，这种变化是如何发生的并没什么影响。布兰德突然间十分困惑地发现自己竟然变成了一副骨架。他还发现，将骷髅视为社会上的平等公民或理想的伙伴，属实罕见。

——索恩·史密斯（Thorne Smith），《皮肤和骨头》（*Skin and Bones*），1933

1895年X射线的发现不仅让人敬畏和惊奇，更是引起了大量的混乱与恐慌，迫使记者驳斥了一些关于射线威力的传言。例如，1896年的一篇新闻报道描述了"防X射线的内衣和其他荒诞不经之事"，并对X射线成像的有限性作如下描述："兴奋的公众可以冷静下来了。任何人，甚至连爱迪生，都无法看到自己的肺和肝。我们最多只能看到手或脚骨架的影子——毕竟，这还不够奇妙，不足以让人满意？不过即使是这样，也只有在特殊条件下才能做到。"[1]

这里所提到的"爱迪生"指的是著名发明家托马斯·爱迪生。当X射线被发现时，他曾短暂地迷恋过此类研究，甚至大胆地提出了一个未曾证明的猜测，X射线可治疗失明。[2]在伦琴的发现问世后，爱迪生便指派他的助手克拉伦斯·麦迪逊·戴利（Clarence Madison Dally）研究X射线技术。1902年，戴利有严重的辐射中毒症状，并最终于1904年不治身亡。后人视他为第一个死于辐射实验的人。戴利的遭遇使爱迪生发誓不再进行X射线研究，并在1903年说："永远不要和我谈X射线，我害怕它们。"[3]

尽管存在局限和危险，直到20世纪，公众仍然倾向将X射线与隐形联系起来，而科幻小说和大众科学的作者也喜欢用这方面内容来引起关注。例如，索恩·史密斯的小说《皮肤和骨头》是一个喜剧故事，讲述了一个人通过试验X射线摄影中经常使用的荧光化学品，无意中把自己变成一具骷髅的故事。"我们永远不会知道究竟是什么化学组合使布兰德先生的身体结构发生了如此惊人的变化。很有可能是他那奇怪混合物散发出的烟雾，加上由许多原液反应生成的过量阿司匹林，足以创造出一个荧光人，而不是一张荧光片。"[4]

在大众科学领域，1921年2月的《科学与发明》（*Science and Invention*）杂志将这一颇具煽动性的问题赫然写了在封面上："我们能让自己隐身吗？"并相应地配上了一张同样争议性的图片，画面中的女人看起来像是被科学家用一对阴极射线管的装置抹去了身体的一部分。（图28）

这篇文章的作者是雨果·格恩巴克（Hugo Gernsback），卢森堡裔美国作家、发明家、杂志出版商，如今多以他在1926年创办的第一本科幻杂志《神奇故事》（*Amazing Stories*）为人所知。在这篇论及隐形的文章里，格恩巴克同主流一样，偏好以科幻小说的形式来

图28　1921年2月《科学与发
　　　　明》杂志封面图

展望隐形技术。他想象未来有一种设备，能突破X射线的限制，对人体所有部位、组织和骨骼进行成像。

　　这种作者称为"透视镜"的未来机器将有怎样的实际用途呢？正如插图所示，它或许对医学有无法估量的价值，将使我们有可能看到内部器官的真实颜色与形状。例如，我们将有可能观察到心脏的跳动，医生将直接看到问题所在，而不再是通过听心脏的跳动来诊断。检查肺部的时候，医生也不再需要通过敲击胸部来寻找患处。在动手术之前，医生将能够亲眼看到器官到底出了什么问题，从而一定程度上规避了手术的偶然性；更不需要将病人剖开来寻找真正的问题。[5]

格恩巴克这番话具有惊人的预见性。此后短短几十年内，新技术就出现了，可以对人体内部进行三维成像，包括肺部和肝脏等器官。就像他预言的那样，大夫和外科医生利用这些图像为治疗提供导向。格恩巴克猜想，要使这种成像成为可能，需要某种新形式的神秘射线，但事实上，这种医学成像新技术的第一批研究人员所使用的正是现在我们习以为常的X射线，使用的方式是此前无法想象的。后来的事实证明，这片医疗蓝图上缺少的板块是计算机，它能够将来自多个X射线照片的数据合并成具有高分辨率的三维图像；这种新技术最初被称为计算机化轴向断层扫描，或CAT扫描，现在则简单称为计算机断层扫描。

格恩巴克非常敏锐地将新的医学成像形式与隐形性联系起来。随着CAT扫描和其他图像技术的发展，不可见物体的问题将以一种新的、意想不到的方式浮现。

计算机断层扫描的故事始于一次辞职。1955年，南非物理学家阿伦·麦克里奥德·科马克（Allan MacLeod Cormack）在开普敦大学担任讲师时，恰逢当时附近的葛鲁特歇尔（Groote Schuur）医院的物理学家辞职了。这家医院正在使用放射性同位素治疗癌症，这是一种被称为放射疗法的技术——根据南非法律的要求，该技术需要一位有资质的物理学家来监督材料的使用。科马克于是应邀在1956年的部分时间里每周在该医院工作一天半的时间。

在放射治疗技术中，为了达到破坏或灭除病灶的目的，医生会用X射线直接照射目标肿瘤；爱迪生的助手戴利所遭受的X射线的有害影响同样也可以用于消除癌细胞。然而，为给肿瘤提供适当剂量的X射线，人们必须知道它们在途中经过哪些组织，因为不同组织对X射线的吸收量不同——例如，骨骼比其他组织吸收得更多，这就是为什么普通的X射线图像显示出的是骨骼的阴影。在科马克

隐形：不被发现的历史与科学

那个时代，确定适当的剂量是一个不断试错的过程，基于X射线在照射到病灶的途中会遇到哪些组织的粗略估计。这些限制使科马克开始思考一种新方法："我突然想到，为了改进治疗计划，人们必须知道体内组织衰减系数的分布，而这种分布必须通过身体外部的测量去发现。"[6]于是，科马克便开始研究数学问题：假设我们从许多方向拍摄人体的X射线图像，并将这些信息整合在一起，那么我们是否可以推断出整个人体的三维结构？随后他的研究进展迅速。1957年，他做了一个测试，测量一个由木头环形物包围的铝圆柱体的内部结构。出乎意料的是，他的测量结果显示，铝圆柱体的最中心部分的X射线吸收系数比这一装置的其他部分低。制造该圆柱体的机械厂工人证实，该中心是用一种稍微不同的材料制造的；这表明科马克的技术实际上可以探查目标物体内部的未知结构。

在接下来的六年里，科马克断断续续地绕回到这个问题上，1957年他搬到马萨诸塞州的塔夫茨大学工作。到1963年，他开始致力于测量不像圆柱体那样对称的金属物体的结构。他请一名本科生编写了一套计算机程序来分析这些复杂的数据。结果清楚地表明，他可以用多组X射线测量数据来确定复杂物体的内部结构。尽管如此，科马克回忆称，他的这一发现起初反响平平："我在1963年和1964年将成果发表出版，但几乎没有引起任何反应。最有趣的重印请求竟然来自瑞士雪崩研究中心。这个成果同样适用于山上积雪的测量，如果人们能把探测器或探测源埋到雪山里的话！"[7]

然而，正如科学界经常发生的那样，难免有人思路不谋而合。在和科马克同样关注X射线成像的研究方面，其中一位特别适合这项复杂的任务，他便是高弗雷·豪斯费尔德（Godfrey Hounsfield），一位英国电气工程师。他在担任皇家空军志愿预备役人员时学会了电气和雷达的一些基本知识。1949年，他把这一技能带到了英国米德尔塞克斯的EMI（电气和音乐工业）有限公司，在那里继续研究制导武器系统和雷达。[8]那个时代正值计算机飞速发展，1947年晶体管的发明促成了第一批晶体管计算机的开发，取代了基于真空管技术的旧机器。豪斯费尔德则领导了EMI的项目，开发了第一台英国制造的商业化全晶体管机器，即emidec 1100。

到20世纪60年代末，豪斯费尔德正在研究使用计算机进行模式识别的问题，如识别笔迹、指纹和人脸。所有这些问题都可以归结为同一个：收集到的复杂数据与我们想从这些数据中提取的关键信息之间有什么关系？思考这些问题时，他开始思考X射线成像，并得出了与科马克多年前相同的结论：从多个角度拍摄的多条X射线的综合信息可以提供关于一个结构内部的详细信息。他搭建了一些含有隐藏物体的"黑盒子"计算机模型，并模拟了从不同方向照射产生的X光图像。有了这些信息，他就能够重建这些隐藏（模拟）物体的图像。受到该成果的鼓舞，豪斯费尔德开始着手在实验室中搭建一个原始模型。

这里我们可以花点时间大致了解一下这一技术的工作原理。让我们想象一下，就像豪斯费尔德所模拟的一样，假设我们有一个封闭的盒子，里面有一未知物体，且这个物体可以吸收所有照射到它的X射线。然后我们从盒子左边照射X射线，在右边记录X射线的亮度。（图29）这种单一的图像，也就是传统的X射线，也被称为阴影图，因为我们可以从物体投下的阴影中略窥其貌。但正如图中所示，多种物体可以产生相同的影子——一个正方形、一个长方形、一个圆形或一个三角形都可以。然后我们从下面照射X射线：投下的狭窄阴影排除了长方形，但留下了其他形状的可能性。接下来，我们从另一个角度照射X射线，发现该物体从那个角度投下的阴影更宽，这就排除了它是一个圆的的可能性。我们仍然不知道该物体

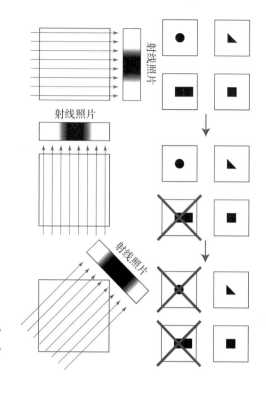

图29 通过多次X射线吸收测量，可以增进我们对这个物体的了解，直到最终确认该物体的形状

的确切形状，但随着我们从越来越多的方向拍摄阴影图，我们了解到越来越多关于该物体形状的信息。这就是计算机断层扫描的意义：来自大量阴影图的信息可以相当准确地确定物体的形状。

在他的第一台原型扫描仪上，豪斯费尔德使用了一个放射性伽马射线源来产生成像辐射。伽马射线是能量明显高于X射线的电磁波；据推测，豪斯费尔德使用这个射线源是因为他的实验室里刚好有一个。在这个射线源的帮助下，他能够使物体成像，但由于伽马射线的强度很低，他花了整整九天时间才收集到图像重建所需的两万八千次测量数据。过程虽艰辛，但结果是好的，受到鼓舞的豪斯费尔德随后用一个X射线管取代了伽马源，这样能够将测量时间减少到九个小时。

最初的测试是在塑料"幻影"上进行的，这些幻影可以用来简单模拟人体各部位；这些测试成功后，他转向当地医院保存的人脑标本。拍摄的大脑图像质量非常高，但紧接着豪斯费尔德发现，这些图像的质量高得不太正常：用于保存大脑的化学物质，同时也使成像更为显著，比在活体病人身上时还要清晰。豪斯费尔德于是购买了新鲜的公牛大脑，通过地铁运到实验室；尽管图像不如保存的大脑那么清晰，但他确信重要的结构细节仍然可见。美中不足的是，测量的速度还是很慢，在这个过程中，标本会显著腐烂，从而导致成像效果下降。

在所有这些努力之下，第一台临床X射线计算机断层扫描仪于1972年得以建成与测试。（图30）首位测试者是一位脑部疑似病变的女性，计算机处理得到的图像清楚地显示了她脑部的囊肿。很明显，这项新技术在检测和诊断疾病方面具有切实可行的价值。

豪斯费尔德在1973年发表了关于这项技术的第一篇论文，他称之为"X射线断层摄影术"（Tomography）[9]。这个词来自希腊语的tomos（切片）和graphy（书写），描述机器是如何在一系列像蛋糕一样层层叠加的二维图像中构建人体的三维图像的。"X射线断层摄影术"这个术语并非豪斯费尔德首创，它曾被用来描述一种不同意义上的X射线技术，用于人体切片成像，其中X射线源和探测器在病人两侧以圆形路径移动。这种形式的移动导致绘出的阴影图只能清楚显示射线源与检测器直接围夹的部位，病人身体的其他结构则几乎完全是模糊的。然而，与这种早期技术不同，豪斯费尔德的新断层扫描在本质上是精确的；它不需要模糊化处理，并且可以对X射线在人体不同部位的吸收情况做出定量描述。

计算机辅助X射线断层摄影术几乎立即成为医学领域的一项标

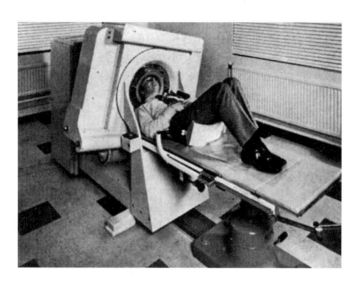

图30　第一台临床X射线计算机断层扫描仪。引用自G.N. 豪斯费尔德"计算机横轴扫描（断层扫描）:第一部分系统描述",《英国放射学杂志》(*British Journal of Radiology*)46（1973）:1016-1223

准工具；科马克和豪斯费尔德也因此获得了1979年的诺贝尔生理学或医学奖。

　　几乎在豪斯费尔德开发计算机辅助X射线断层摄影术的同时，其他研究人员正在研发另一种重要的医学成像工具：磁共振成像（MRI）。在这项技术中，病人体内的原子核被磁场激发，导致它们以某种方式摆动，从而产生无线电信号。而后，就像计算机辅助X射线断层摄影术一样，这些无线电信号将被测量，得出的数据由计算机整合，从而产生病人内部结构的图像。1977年，科学家完成了第一次人体核磁共振扫描；1980年，第一台核磁共振扫描仪被正式用于临床。十年时间里，两种新的成像技术——计算机辅助X射线断层摄影术和磁共振成像——彻底改变了医学。

　　这些新成像方法的发现和迅速应用为一个已发展几十年的数学

研究领域提供了巨大的推动力，即"反问题"。在大多数传统物理学问题中，人们总是从"原因"推导出"结果"。例如，基础物理专业的学生在计算抛向空中的球的轨迹时，是由原因（重力和球被抛出的方式）来确定结果（球的路径）的。举个更贴切的例子，当我们计算由一系列振荡电荷和电流产生的电磁辐射时，我们是在从原因（振荡电荷和电流）中确定结果（在所有方向上测量的辐射，称为辐射模式）。

反问题则颠倒了这两个步骤，试图从"效果"中推测出"原因"。在抛出的球这一例子中，目标是利用球的轨迹（结果）来确定球是如何抛出的（原因）。在辐射的例子中，反问题是使用测量的辐射模式（结果）来确定振荡电荷和电流的结构（原因）。这个特殊的反问题被称为逆源问题，因为人们试图确定辐射源的结构。其实普通的视觉也可被视为一个反问题：我们的大脑将眼睛收集的光线解释为我们周围世界的图像。

这类问题在尚未被命名为反问题时，就已有早期案例，例如，1846年约翰·柯西·亚当斯（John Couch Adams）和于尔班·勒威耶（Urbain Le Verrier）发现了海王星。当时人们早已认识到，天王星的实际运行轨道偏离了其预期路径，而亚当斯和勒威耶分别独立提出猜测，认为这些偏离是由一个未知行星造成的。他们进行了数学计算，从这颗未知行星对天王星的影响（结果）来预测其位置、质量和运动轨迹。随后，这颗行星在计算结果所示的区域内被成功观测。

因为反问题颠覆了解决问题的常见因果思路，因此它也面临着许多数学上的难题。而这些难题可以通过思考一例非物理学领域的反问题来更好地理解：根据犯罪现场证据找出凶手，就像经典的福尔摩斯系列故事一样。其中一个主要的难题在数学上被称为非连

隐形：不被发现的历史与科学

续性：数据中微小的不准确（噪声）就会将我们引向完全错误的答案。例如，在犯罪现场，无辜者可能在犯罪前几小时与受害者共饮一杯，在现场留下了指纹，导致调查员误以为这个人是罪犯。收集的数据中总会包含随机噪声，除非使用数学方法去解释非连续性，否则非连续的反问题给出的结果是无意义的。

另一个主要的难题是非唯一性：我们可能根本没有足够的数据去找到唯一的答案。在罪案现场，这可能就是"完美犯罪"，凶手没有留下任何可识别的证据，或者留下的证据太多，指向太多的嫌疑人，以至于调查者无法确认谁才是真正的罪犯。在这两种情况下，犯罪现场的信息都不足以破解案件的真相。换句话说，对于犯罪现场调查人员来说，凶手实际上是隐身的。

解决非连续性和非唯一性问题的方法之一是使用先验知识，即独立于数据之外的、与问题解决方案相关的信息。例如，犯罪现场的刑事调查员不会只根据现场证据进行调查，而是通过对嫌疑人的问话、财务记录以及更多信息来缩短嫌犯名单。以此类推，成像问题中，先验知识可以仅仅是了解被成像物体的大致尺寸：任何比预期大得多或小得多的重建图像都可被事先排除。

反问题进入数学研究领域可以追溯到德国数学家赫尔曼·韦尔（Hermann Weyl）1911年发表的一篇论文。[10]韦尔从本质上是在试图回答这样一个问题："人们能听出鼓的形状吗？"托马斯·杨等人已经发现，风琴管的共振音——它发出声音的频率——取决于管道长度和直径。同样，鼓面的振动频率也取决于鼓面的大小和形状。韦尔把这一问题转换成了反问题：如果我们已知鼓面振动的频率，能反推得知鼓的形状吗？（很久之后，这个问题将得到否定的答案——反问题也将被证明不具唯一性）。

量子物理学开始发展后，原子研究方面也出现了类似问题。因为原子是以特定频率发光的——如果已知原子所发出光的频率，我们能推出原子本身的结构吗？1929年，时属苏联的亚美尼亚共和国天文学家维克多·安巴特苏米安（Viktor Ambartsumian）在德国《物理学杂志》（*Zeitschrift für Physik*）上发表了一篇围绕该主题的关键论文，但这篇文章随后被搁置多年，无人关注。正如安巴特苏米安后来评论的那样："如果一个天文学家在《物理学杂志》上发表了一篇数学文章，那么它最有可能的结局就是被遗忘。"[11]然而，二战后，这篇论文被重新发掘了出来，成为反问题理论研究的奠基之作。

甚至在计算机X射线断层摄影术和磁共振成像出现之前，许多研究人员已在研究上述这个反问题，即通过对波的测量来确定波源的结构。解决这一问题对于各种不同类型的波及其应用而言都很重要；1974年诺曼·布雷斯坦（Norman Bleistein）和诺伯特·博亚尔（Norbert Bojarski）在一份报告中提供了一张清单，下文摘取自其中部分内容：

肿瘤图像构建。

分析地表下的地层，进行资源识别和回收。

定位和识别风暴中的释放物，以分析风暴本身，并根据特征源模式预测龙卷风。

埋葬尸体的位置——执法中的一个重要问题。

构建飞机、导弹、水面舰艇和潜水艇的图像。

地雷探测。[12]

在上述所有的应用中，源头产生辐射，再穿过或反射目标物体，从而获得扭曲的辐射波。通过测量波的扭曲状况，人们可以确定使它们扭曲的物体是什么，无论是肿瘤还是埋葬的尸体，都能精确识别。

在同一报告中，布雷斯坦和博亚尔还提出反问题可以得出唯一解这一观点。然而，在1959年，纽约大学研究员哈里·摩西（Harry Moses）已得出结论："一般来说，来源并不具有唯一性。"[13]1977年，之前坚信唯一性的诺曼·布雷斯坦，在论文《声学和电磁学中逆问题的非唯一性》中，却和同事杰克·科恩（Jack Cohen）提出了截然相反的观点——显然，随着新信息出现，布雷斯坦改变了观点。[14]布雷斯坦和科恩进一步指出了重要关联：他们认为反问题的非唯一性与非辐射源的存在直接相关，这一点我们之前已经充分讨论过。

回想起来，这之间存在一个非常明显的关联。反问题试图通过测量源产生的辐射来确定源的结构。如果一个源不产生辐射，那么它根本无法被探测到，也就无法被探测到确定的结构——就反问题而言，它是不可见的。显然，不可见的物体无法被探测到，但布雷斯坦和科恩提出了更有力的论点：如果非辐射源在原则上存在，那么反问题就是非唯一的。你的测量中不必存在非辐射源；仅仅是非辐射源存在的可能性就证明了这个问题的解不是唯一的。

这一结论让许多为解决反问题付出了大量时间和精力的研究人员感到不快。1981年，诺伯特·博亚尔发表了自以为独特的解决方案，驳回了对非辐射源的担忧。[15]同年，研究人员W. 罗斯·斯通（W. Ross Stone）认为非辐射源根本不存在。[16]斯通错误地认为，唯一可能的非辐射源是无限大的，由于没有源是无限大的，非辐射源一定不存在，因此反问题是有唯一解的。斯通可能没有机会看到埃伦费斯特于1911年发表的论文，埃伦费斯特在文中预见了这个论点，并且用他的脉动球表明，至少存在一个有限大小的非辐射源。

为了回应博亚尔和斯通，斯伦贝谢-多尔研究院（Schlumberger-

Doll Research）的安东尼·德兰尼（Anthony Devaney）和乔治·谢曼（George Sherman）写了一篇关于"逆源和散射问题非唯一性"[17]的文章，明确指出非辐射源是可能存在的，而它们的存在肯定会使反问题具有非唯一性。从德兰尼和谢曼给斯通的书面答复中可以明显感受到一种挫败感："首先，我们想提醒读者注意斯通的断言，即他已经'提出了一个归谬法的证明，即非辐射源产生的场与非均质波方程中的非零源项不一致'。斯通接着说，他'故意'没有发表这个证明。熟悉了这个所谓的'证明'，我们就能明白他为什么不愿意发表——显然它是不正确的。"德兰尼和谢曼最后说："倘若在［参考文献12］中提出的材料和上述反例后，斯通仍坚持反问题拥有唯一解，那么继续讨论也是白费口舌。"[18]

应该指出的是，这种激烈的科学争论并不罕见，而且它们也常常是科学探索过程的一部分。每个研究者都为自己的观点提供最有力的论据，而由读者、科学家们来判断它们的正确性。在这种情况下，德兰尼和谢曼尤其沮丧，因为他们已预先为非辐射源的存在提供了相当明确的证据。

尽管关于非唯一性的争论在这份书面答复中没有得到解决，但它使大多数研究者相信，反源问题是无法解决的。不过这很快引起了人们对新形式三维计算成像的质疑：我们怎样才能确保计算出来的图像是真实存在的呢？对于医学成像来说，这很可能是生死攸关的大问题：如果一个肿瘤是"看不见的"，那么它就不可能被发现并治疗。随着研究人员开始引入计算机断层扫描和磁共振之外的新型成像技术，唯一性和不可见性问题将是急需回答的基本问题。

隐形：不被发现的历史与科学

12
狩猎中的狼

那头怪物越走越近。此刻，它迈着无声的脚步在我们所在的这侧河岸来回游荡着。显然，它在追捕卡尔，确保它的猎物没有半路折返。它就这样走过来走过去，走过来走过去；我从没有过比现在更恐惧和恶心的时刻，我慢慢等着那头野兽，不管这野兽是什么，我都在劫难逃，因为我此刻手无寸铁，插翅难飞。

它离我越来越近了，现在我可以更清楚地分辨出它的形状。在我看来，它大得超乎寻常——当然，这可能是由于月光变幻不定而产生的错觉，或者是我紧张过度——然而，它只是一匹狼，一匹孤狼！

"放心！"我低声对卡尔说。"只不过是一匹孤狼。我们有两个人。它不敢攻击我们。"

"不敢？"他回答道，"你知道那只狼是谁吗？是它！是弗里茨！"

——F. 斯嘉丽·波特（F. Scarlett Potter），《格伦德尔沃尔德的狼》（"The Were-Wolf of the Grendelwold"），1882

1975年，首篇关于真正隐形物体的科学论文在《美国光学学会杂志》上发表。这篇文章由米尔顿·科克（Milton Kerker）所著，题目很简单，叫作"看不见的物体"（"Invisible Bodies"）。其中介绍了一种不会散射任何电磁波的物体——电磁波会穿过它，然后继续传播，就像什么都没有遇到一样。[1]

这一物理学上的发现似乎并没有引起媒体的注意，但也可以理解：科克在理论上描述的这些物体都是微小的粒子，每个都比光的波长小得多，更像是一粒微尘，一滴水点，或一粒细沙。毋庸置疑，米尔顿·科克是小粒子光散射领域的专家，因此这种形式的隐形其实正是他所研究专业的自然延伸。

科克的隐形物体是基于光散射这一基本物理原理。当光照亮一个物体时，电磁波会引起物体中的电子振荡，并在这个过程中将部分能量转移给电子。那些正在加速的电子，产生了它们自己的电磁波，即散射光。科克设想制造一个由内核和外壳组成的小球形粒子，漂浮在诸如水之类的液体中。然后他考虑了当内核的折射率小于液体的折射率，同时外壳的折射率高于液体的折射率的情况。在这种情况下，我们能够发现，当内核的电子加速向上时，外壳的电子则加速向下，反之亦然。这意味着内核和外壳产生的电磁波完全不同相，并通过相消干涉而互相抵消。由于没有散射波，光照波直接穿过粒子，粒子就无法被探测到：它也就变成隐形的了。（图31）

值得注意的是，任何类型的单个小粒子实际上已经是隐形的了；它会散射出少量的光，导致肉眼不可见。但在薄雾或尘埃云中，当多个粒子聚集在一起时，所有粒子的联合散射就会阻挡光线通过。牛奶不透明的背后也是这个原理：牛奶中的脂肪分子漂浮在水中，散射光线。然而，科克所提到的隐形物体，即使大量积聚，仍然是隐形的，因为每个单独的粒子本身就是完全隐形的。正如文

　　　　　　　　隐形：不被发现的历史与科学

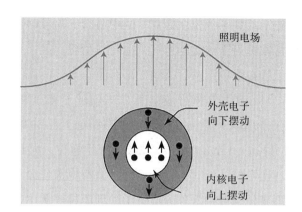

照明电场

外壳电子
向下摆动

图31　科克的隐形物体
　　　以及工作原理

内核电子
向上摆动

章中所说的那样，科克的这项研究背后有一个不同寻常的资助方："这项研究在一定程度上得到了油漆涂料研究所的支持，该研究所在研究微孔对油漆隐藏力影响的数值。"实际上，科克正是在研究涂料的特性时偶然发现隐形原理的。

几乎在科克宣布发现隐形物体的同时，另一位研究人员开始探索物体以非辐射源形式隐形的可能性。这位研究者，埃米尔·沃尔夫（Emil Wolf）教授，是最终证明一般不可见物体存在或不存在的首批尝试者之一。虽然微小的粒子可以是看不见的，那大一点的物体呢？

埃米尔·沃尔夫1922年生于捷克斯洛伐克的布拉格。当时的欧洲正处于动荡时期。身为一名犹太人，在20世纪30年代末德国入侵的时候，十几岁的他就逃离了祖国。他途经意大利和法国，并在巴黎找到了一份由捷克流亡政府提供的工作——自行车快递员。沃尔夫对巴黎繁忙的交通感到头疼；所幸流亡政府很看好他，让他改了行。[2]

德国入侵法国后，沃尔夫又乘船逃到了英国。机缘巧合，他在船上找到了他曾在捷克军队中服役、与侵略者作战的兄弟。沃尔夫常常惊讶于这次的运气，他时常猜想，如果不是这次偶遇，他恐怕无法在战争结束后找到哥哥；他们此后一直保持着联络。[3]

在英国的日子里，沃尔夫就读于布里斯托大学，并于1945年获得理学士学位。接着，他在精通光学的数学家爱德华·林富特（Edward Linfoot）门下攻读研究生学位，并最终于1948年获得数学博士学位。同时，他的导师林富特也被任命为剑桥大学天文台的助理主任，并给沃尔夫提供了助理职位。沃尔夫接受了这份工作，在剑桥工作了两年。

工作期间，沃尔夫经常到伦敦参加英国物理学会光学组的会议，会议通常在帝国理工学院举行。会议的另一位常客是丹尼斯·加博尔（Dennis Gabor），他是三维图像记录技术（全息摄影术）的发明者。在普通摄影中，人们只能在胶片上记录下光的亮度（强度），从而产生某场景的二维图像。而依靠全息摄影术，人们可以在胶片上记录两种波的干涉图案：一种是被成像物体散射的波，另一种是"参考"波。干涉图案记录物体波的相位和强度，产生的图像呈现三维，保留着深度和透视信息。加博尔也因"全息法的发明与完善"获得了1971年的诺贝尔物理学奖。

沃尔夫和加博尔很快成为了朋友，物理学会会议结束后，加博尔经常邀请沃尔夫到他的办公室谈论研究事宜。通过加博尔，沃尔夫也意识到，这是与德国量子理论家、20世纪最伟大的物理学家之一——马克斯·玻恩（Max Born）合作的绝佳机会。玻恩积极参与了量子力学的早期发展，他最知名的贡献大概是回答了关于量子粒子波的一个重要问题，即什么是"波"。关于电磁波，人们知道电场和磁场是以波的形式传播的量，但对于像电子这样的量子粒子，起初人们并不清楚如何解释其波的性质。玻恩对此提出了一个概率

　　　　　　隐形：不被发现的历史与科学

性的解释：波描述了在空间中某一特定点找到一个粒子的可能性。如果杨的双缝干涉实验是用电子做的，那么观察屏幕上的亮点就对应电子可能被发现的位置，黑点则对应电子不太可能被发现的位置。玻恩因"在量子力学方面的基础研究，特别是在波函数的统计解释方面的研究"于1954年获得诺贝尔物理学奖。值得注意的是，同样的统计数据解释也适用于光子的电磁波性质。

1950年，玻恩六十七岁，即将退休。1933年，他出版了一本关于光学的德文专著，书名就叫《光学》(*Optik*)。他不断更新这本书的内容，将后续的一些发展纳入其中，对此乐此不疲，并且希望推出英文版。[4]加博尔曾推荐沃尔夫做玻恩的助理，这很大程度上促成了这次聘用。于是在1951年1月，沃尔夫搬到爱丁堡协助本书的写作。当时沃尔夫比玻恩年轻四十岁；后来，人们经常问沃尔夫，他是不是和玻恩一起写这本书的埃米尔·沃尔夫的儿子。据沃尔夫回忆，有一次当他解释说自己就是原作者时，写信人在通信中打趣地回复道："恭喜！那你一定有一百岁了！"[5]

这本书大概花了八年的时间才完成，比两位作者预期的都要长得多，后来被命名为《光学原理》(*Principles of Optics*)。在此过程中，沃尔夫开始研究光的统计特性，建立了一个如今被称为相干理论的光学领域。所有的光源都有一些内在的随机性，而这种随机性被传递到发射光波的随机波动中。相干理论关注的问题是：光的随机波动，即它的统计特性是如何影响观测到的光的特性的？从本质上讲，相干理论是物理学中的光学和数学的统计学的混合。

20世纪50年代中期，沃尔夫取得了重大突破；他发现光以波的形式传播的统计特性与光本身以波的形式传播的方式类似。由此产生的数学方程现被称为沃尔夫方程，它构成了相干理论的基础。[6]沃尔夫的想法起初遇到过一点阻力：当他向玻恩解释他的结果时，玻恩把手臂搭在沃尔夫的肩膀上说道："沃尔夫啊，你一直都是个明智的人，但现在你真的是疯了！"[7]不过，值得赞扬的是，玻恩进一步思考了沃尔夫的结论，并在几天后同意了他的观点。

《光学原理》成书进度有些慢的部分原因是沃尔夫在为这本书撰写有关相干理论的一章，使这本书成为了第一本包含此类描述的书。当玻恩得知这一消息时，他给沃尔夫写了一封信，大意是："除了你，还有谁会对这部分感兴趣？把这章删掉吧，剩下的手稿送到印刷厂去。"[8]尽管如此，沃尔夫还是完成了这一章，将其收录在1959年出版的此书中。也许是命运使然，第一台激光器于1960年问世。这些新的强大光源具有不同寻常的统计特性，而对相干理论的理解也成为理解激光行为的必要条件。这就使得《光学原理》几乎成为每一位光学研究人员的必读书。从那时起，这本书便被重印、修订了无数次，并于1999年出版了第七版。《光学原理》也是第一本包含全息学描述的教科书。丹尼斯·加博尔对此十分感激。后来，他给沃尔夫寄去了一份全息学论文的重印版，上面赫然写着："我把你视作我的首席先知！"[9]

1959年，沃尔夫接受了纽约罗切斯特大学的职位，在那里生活、工作，度过余生。从职业生涯上看，他是位非常高产的研究者，发表了大约500篇研究论文和三本关于光学和相干理论的重要书籍。他一生中指导了约30名研究生，其中许多人已经成为各自研究领域的引领者。

除相干理论外，沃尔夫还研究了许多理论光学课题，并且像他之前的马克斯·玻恩一样着手研究光的散射问题。他尤其对逆散射问题感兴趣：如果从多个方向照射一个物体，并测量从每个方向散射的物体的光，我们能确定物体的结构吗？1969年，沃尔夫将玻恩的散射理论与加博尔的全息思想相结合，发表了论文《从全息数据中确定半透明物体的三维结构》（"Three-Dimensional Structure Determination of Semi-Transparent Objects from Holographic Data"）。[10] 这项成就虽然比豪斯费尔德的计算机断层扫描术早了好几年，但在数学上与之有很强的相似性，后来被称为衍射层析成像。使用X射线的计算机断层扫描术忽略了光的波特性，完全通过检测X射线吸收量来确定结构。而衍射层析成像，顾名思义，则是利用光的波特性，考虑到散射物体对光的衍射。

对衍射层析成像等反问题的研究自然而然地使沃尔夫开始研究隐形问题。某种程度上，他很熟悉非辐射源相关的一些早期成果。[11]1973年，他和他刚刚毕业的学生安东尼·德瓦尼（Anthony Devaney）发表了这一领域的第一篇论文——《辐射和非辐射经典电流分布及其产生的场》（"Radiating and Nonradiating Classical Current Distributions and the Fields They Generate"）。[12]从那时起，沃尔夫便花费了职业生涯的大部分时间去研究非辐射源，阐明它们奇怪的、往往看似矛盾的一些特性。[13]

正是通过非辐射源，我与埃米尔·沃尔夫建立了联系。大约是在我读博士的第三年，我想换一个研究领域，在塔可钟吃午饭的时候，我的同学斯科特·卡尼（Scott Carney）注意到沃尔夫在找研究生做研究助理。那时，我大约二十五岁，沃尔夫大约七十四岁，我们之间的年龄差距甚至比玻恩和沃尔夫刚开始合作时还要大。我们第一次见面时，埃米尔提出的第一件事就是警告我："你要知道，我已经这么老了，随时都有可能死去，但我的医生说我身体很好，我手头正开展着许多工作。"接着他就把一厚摞他发表过的论文放在我腿上让我读。当我意识到这些论文都是在过去五年里发表的，我确信他是一个不错的导师，于是立即开始与他合作。

沃尔夫建议我从事的研究是一种非辐射源理论和相干理论的

图32　1999年，埃米尔·沃尔夫和本书作者（右）庆祝第七版《光学原理》修订的完成

混合体。我们已经看到，一个非辐射源依赖于从该源发出的波的完全相消干涉；但当时我们还不完全清楚，一个随机波动的源——也就是所谓的部分相干——是否仍然是非辐射的。我在1997年发表了第一篇和此有关的论文，其表明，即使是一个随机性很大的源也可能是无辐射的。[14]从那时起，我的博士项目逐渐演变成对非辐射现象的整体研究，最终以2001年发表的《非辐射源和逆源问题》（"Nonradiating Sources and the Inverse Source Problem"）收尾。[15]

　　和沃尔夫教授一起工作的那些年是我一生中最愉快的时光。沃尔夫组织起一个活力满满的研究小组，我们经常在午餐时聚在一起讨论科学观点。有时争论会非常激烈，甚至几乎是大喊大叫，但沃尔夫总是强调，尽管有分歧，但之后我们还是朋友。他真的把他的学生当作家人，经常请他们吃妻子玛丽丝做的家常菜和甜点。在帮助沃尔夫完成第七版《光学原理》修订索引期间，我很荣幸吃过很多次这样的饭。（图32）

　　埃米尔·沃尔夫从年轻时起就保持着许多老派教授的特点。虽

　　　　　　　　　隐形：不被发现的历史与科学

然我们都是朋友，但他仍希望学生称呼他为"沃尔夫教授"或"沃尔夫博士"，不过在学生达到同等职位后可以另当别论。对我来说，称呼是在2006年前后我和女朋友一起去罗切斯特时改换的。我们一起享用了美味的意大利晚餐，贝丝当时在和"沃尔夫教授"聊天。这时，沃尔夫对她说："拜托，沃尔夫教授太正式了，叫我埃米尔就行。"接着他看向桌子对面的我，像是突然想起来似的，说："是时候了，你也可以叫我埃米尔了！"于是在谈了半个小时左右后，贝丝不得不称他为埃米尔，她改称呼比我还要在先。一旦埃米尔允许你对他直呼其名，他便永远不会忘记，但凡你敢再叫他"沃尔夫教授"，他就会毫不留情地纠正你。

埃米尔对非辐射源的兴趣部分源于源问题和散射问题之间的密切关系。在源问题（也称为辐射问题）中，振荡电荷的集合产生电磁波，即辐射。在散射问题中，光波照射散射物体。这种光波使散射物体中的电子振荡，从而产生电磁波，即散射光。在源问题中，我们假设电荷已经开始运动，但不考虑运动的起源；而在散射问题中，电荷运动是由照明光波引起的。用数学方法看，当我们考虑仅被从单一方向照射的物体时，源问题就与散射问题相似。（图33）

因此，非辐射源的存在意味着当光从单一方向照射时，散射物体是完全隐形的。反过来意味着，当只使用单方向照明时，我们不能仅通过测量散射场来解决逆散射问题，或确定散射物体的结构。这与计算机断层扫描原理是一致的：单个X射线影图不能提供足够的信息来确定患者的三维结构，必须使用多个影图。

但是我们需要进行多少次测量，或者说，需要使用多少个方向的光照来重建一个物体的三维图像呢？1978年，德瓦尼从理论上证明，我们可以构造一个物体，使其在所受光照方向数量有限的情况下一直保持隐形，这引起了人们的关注：逆散射问题或许具有非唯

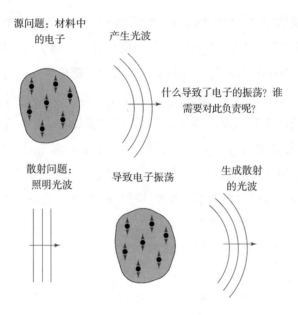

图33 源问题和散射问题背后的物理原理

一性。[16]这些潜在隐形的物体被赋予了一个非常无聊乏味的专有名词，即"非散射散射体"。非散射散射体的存在与否成了一个重要问题。

这个问题同样也困扰着埃米尔和他的同事，但最终在1993年，沃尔夫和塔里克·哈巴希（Tarek Habashy）从理论上证明，如果从无限多个方向进行散射测量，逆散射问题的答案是唯一的，至少对于弱散射物体来说是这样。[17]几年前，数学家阿德里安·纳赫曼（Adrian Nachman）对似乎适用于所有散射物体的逆散射问题的唯一性提供了一个一般性的数学证明。[18]

乍一看，这个结果可能不太具有说服力，毕竟我们永远也不可能进行无限次的测量。但是沃尔夫、哈巴希和纳赫曼展示出的是逆散射问题是一个消除过程，类似于前一章所描述的计算机断层扫描

隐形：不被发现的历史与科学

术。随着从不同光照方向对散射体进行的测量增多，散射体可能存在的结构的数量也在减少。结构永远不会被完全摸清，但通过足够多的测量，我们可以确定一个与我们所期望的真实结构一样精确的近似结果。

1996年左右，我开始跟随埃米尔攻读博士学位，他对于非散射散射体的研究让我相信，完美的隐形是不可能的。他的理论工作确实是对的，但我没有意识到的是，它只适用于某一类散射物体。散射物体几乎包括所有能用自然界中找到的材料制成的物体，但是如果有人试图用自然界中找不到的材料制造隐形的物体，会发生什么呢？这个想法引出了隐身斗篷及其后一系列的研究。

我继续与埃米尔共事，即使在成为博士后研究员后，也时常拜访他。我和他合作的最后一篇论文于2004年发表。埃米尔曾形容他与玻恩的合作"对我来说珍贵得难以形容，因为这样我每天都能看到他，并与他交谈"[19]。这句话是玻恩在与阿尔伯特·爱因斯坦共事时说过的，埃米尔将其借用过来。现在轮到我自己，每每回想，和埃米尔一起工作的时光对我来说也珍贵得难以言表。

13

非天生物质

"柯克一直是家里的美学家。他认为在桥梁之类的公共建筑中，不美观的部分可能被涂上了某种化学物质，因此更加赏心悦目。"

"我不明白。"

"唔，因为磺胺甲溴铵是一种抗色素，能完全阻挡光线，所以它自然会使这些难看的部分隐形。不过，我并不认为——"

"等一下。博士，您能再回过来讲讲吗？"

"你说什么？"

"您是用了'隐形'这个词吗？"

——亨利·斯莱萨（Henry Slesar），《隐形人谋杀案》

（"The Invisible Man Murder Case"），1958

1890年，德国物理学家奥托·维纳（Otto Wiener）开展了一项实验，后世证明这是光学研究的一个里程碑。1862年，詹姆斯·克拉克·麦克斯韦提出了一种假设：光是一种电磁波；1889年，海因

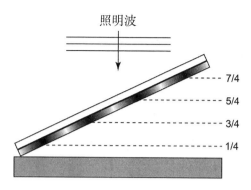

照明波

7/4
5/4
3/4
1/4

图34　维纳的实验：感光胶片上
的黑点表示胶片已经暴露在光下，
每四分之一波长出现一次

里希·赫兹证明了电磁波以无线电波的形式存在。尽管此时麦克斯
韦的假设几乎没有什么疑点，但很少有人做实验来证实这一点。

赫兹通过镜子反射无线电波，证明了无线驻波的存在。维纳设
计了一项类似的光实验，但他面临着一个挑战：光波的波长比无线
电波的波长小得多。例如，蓝光的波长约十亿分之一米；用蓝光进
行干涉实验，也会产生相距十亿分之一米的明暗线，这是用肉眼无
法观察到的。然而，维纳想到了一个简单而巧妙的方案：他在玻璃
板上放置了一张非常薄的感光胶片，并使玻璃板相对于镜子略微倾
斜。这样的倾斜就有效地拉伸了干涉图案横跨胶片的长度，使其达
到足够的测量宽度。（图34）

此项实验的目的是检验麦克斯韦方程中一些更微妙的预测。麦
克斯韦曾预言，电场和磁场的驻波出现在不同的空间位置。电场
中的亮点从镜子表面四分之一波长处开始，每隔半个波长出现一
次。然而，磁场中的亮点则是从镜子表面开始的，每半个波长出现
一次。在操作实验的过程中，维纳发现胶片在镜子的表面是未显影
的，这表明感光胶片是利用光波的电场显影的。他总结道："在电
作用力的波节处产生最小值，在电作用力的波腹处生成最大值；又
或者：光波的化学效应与电的振荡有关，而非与磁力有关。"[1]维纳

几乎是在事后才发现，光的"有效成分"是电场。对于大多数天然材料来说，当暴露在可见光下时，与材料相互作用的是电磁场，而非电磁波的磁场。

但是与电磁场相互作用的材料会表现得迥然不同，且可能具有非常有益的特性。根据麦克斯韦的理论预测，只对电场起反应的普通材料总是会有一条反射光波。然而，它还预测，一种恰好具有电和磁响应组合的材料可能是无反射的；本质上说，由材料的电和磁响应产生的反射波可以相互抵消，因为反射波会做相消干涉。

在第二次世界大战中，科学家和工程师也将这一现象应用于军事领域。德国物理学家阿诺德·索默菲尔德（Arnold Sommerfeld）现在被公认为伟大的光学科学家之一，他后来回忆起这一领域的工作时说："战争期间，有一个问题是，为了对付盟军的雷达，需要找到一种厚度很小的、基本上不产生反射的（'黑色'）表层。对于垂直或几乎垂直入射的雷达波来说，这一层极具不反射性。"[2]雷达是海因里希·赫兹发现无线电波后产生的另一项技术。无线电探测和测距利用无线电波探测目标，其方式与蝙蝠利用声音回波相似：雷达站向空中发射信号，并寻找由敌机反射的回波。

从本质上讲，索默菲尔德和他的同事们试图找到——或制造——一种不会反射雷达波的新材料，一种通过利用电和磁响应的结合来抑制反射的材料。目前尚不清楚他们是否在这一目标上取得了重大进展，但美国B-2幽灵隐形轰炸机的设计中采用了类似的方法。它主要通过外形与材料这两方面的设计降低雷达的可探测性。雷达是一种主动探测系统；雷达站发出雷达脉冲，然后寻找从目标反射回来的信号。通常情况下，一架拥有圆形外壳的普通飞机会反射所有方向的雷达波，保证其中一部分肯定能返回到雷达站。隐形轰炸机的底部则是平坦的，这意味着雷达波主要按照反射规律向单

　　　　　隐形：不被发现的历史与科学

一方向反射。由于这些波以单一方向反射，它们就不太可能到达地面上的雷达站而被探测到。

在选材上，隐形轰炸机采用的是一种碳石墨复合材料，可以吸收大量的雷达能量。据报道，该轰炸机翼展52.5米，长21米，雷达截面积约为0.09平方米。就雷达探测而言，它实际上只和一只篮球一样大。现代隐形轰炸机已经在很大程度上实现了索默菲尔德所梦想的雷达隐身。

这最终把我们引向了现代隐形物理学和光学科学的一个全新分支。在20世纪90年代中叶，英国马可尼公司（GEC-Marconi）[1]的研究人员也在研究减少雷达结构横截面的技术，他们已经开发出一种碳基材料，可以非常有效地吸收雷达信号。然而，他们不知道为什么这种材料如此有效，并就此谜题请教了伦敦帝国理工学院的理论物理学教授约翰·彭德里。

在一个非常小的范围内，这种材料由非常薄的碳纤维组成，它们彼此重叠；这种结构让人联想到碳纤维的"森林"，正是这些碳纤维赋予了梵塔黑涂料极致的黑色。彭德里意识到，马可尼材料不寻常的雷达吸收特性就源自这种结构。

这一观察发现给人们留下了重要启示。在光学发展的大部分历史中，研究人员都是通过化学方法来操纵光在材料中的传播路径的。如果所选材料具备适当的化学性质，研究者就可以获得理想的光学效果。但马可尼材料表明，在亚波长尺度上改变材料的结构，材料的光学性质也有可能改变。理论上讲，通过改变材料结构，设

---

[1] 马可尼公司由英国三家著名公司合并而成。这三家公司分别是马可尼无线电报公司（Marconi's Wireless Telegraph Campany）、英国电气公司（English Electric Co.）和通用电气公司（The Generd ELectric Co.Ltd.，简称GEC）。1999年，随着经营业务的改变，GEC改名为马可尼公司（Marconi plc）。

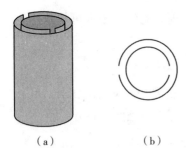

<table>
<tr><td>（a）</td><td>（b）</td><td>图35 （a）开口谐振环的侧视图；（b）俯视图</td></tr>
</table>

计出的材料就有可能具有自然界中根本发现不了的光学特性。

接下来的几年里，彭德里和马可尼公司的同事们探索过各种可能性。1996年，他们从理论上证明，如果金属被制作成与超细金属线相似的周期性结构，金属的光学性质就会发生巨大的变化；从本质上讲，这表明他们可以将金属这种有趣的光学特性从可见光范围转移到红外光范围，并在此范围内展现这些特性。[3]

接下来，彭德里和马可尼公司的研究人员把目光投向了50年前曾困扰索默菲尔德的同类问题：设计一种既具有磁响应又具有电响应的材料。1999年，他们发表了第一个相关理论成果，《导体的磁性和增强的非线性现象》（"Magnetism from Conductors and Enhanced Nonlinear Phenomena"）。[4]在这篇论文中，他们首次介绍了在光学研究中使用的一种名为开口谐振环的结构。这种结构是一对相互嵌套的金属圆柱体，每个圆柱体都有一个裂缝。（图35）将大量这种亚波长大小的结构结合在一起，就能组成一套完整的人工材料。从某种意义上说，这些开口谐振环就如同光的风琴管：通过选择适当的圆柱体大小、间隙大小以及圆柱体所用的金属，就有可能实现在给定频率下产生所需的电和磁响应。如果谐振器可以做得足够小，那么原则上即使是在可见光范围内也可以产生电和磁响应。也就是说，使谐振环在所需的频率上"共振"是有可能实现的。

　　　　　　　　隐形：不被发现的历史与科学

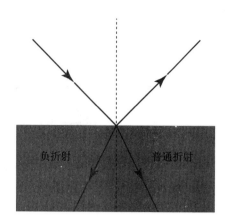

图36　普通折射与负折射同图演示

　　彭德里于1999年在加州拉古纳海滩举行的光子与电磁晶体结构大会上展示了他关于开口谐振环的研究结果。他还提出了这些具有自然界中未曾发现的光学特性的新型人造材料的名称：超材料（metamaterial）。"Meta"在希腊语中是"超越"的意思，因此"超材料"一词顾名思义是指具有"超出"自然界中可发现特性的材料。尤其是，彭德里描述的材料，其光学性质主要来自材料的结构，而不是其化学性质。

　　加州大学圣地亚哥分校物理系的大卫·R.史密斯（David R. Smith）和谢尔登·舒尔茨（Sheldon Schultz）参加了拉古纳海滩大会。物理学家们注意到，彭德里的发现有一个惊人的影响：通过使用开口谐振环，不仅可以制造出具有多种磁和电响应的材料，而且还可以通过调整这些特性，使光的折射率为负值。当光从普通介质进入负介质时，光会在与表面垂直的另一侧发生折射。（图36）在拉古纳海滩大会上，史密斯和舒尔茨与彭德里就这个问题和其他有趣的光学可能性展开了讨论，并达成了之后长期的合作。

　　史密斯和舒尔茨与圣地亚哥分校的其他同事合著了许多论文，从理论层面讨论了如何实现具有负折射的介质，并在2001年发表了

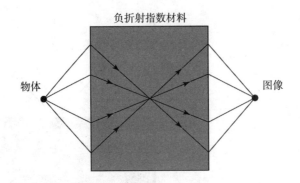

负折射指数材料

图37　一个折射指数n = −1的负折射指数透镜悬浮在折射指数为n = 1的空气中。光线折射两次，在平板的另一侧形成对应的图像

首个有关负折射指数材料的实验演示结果。这种材料是为微波设计的，中心波长为3厘米；谐振环结构可以制成5毫米这一合理尺寸。（对于波长为十亿分之一米的可见光来说，谐振环结构需要在十亿分之一米的十分之一这一数量级上。）

对负折射指数材料的兴趣既是实用的，也是科学的。1967年，苏联物理学家维克多·维萨拉戈（Victor Vesalago）发表了一篇理论论文，认为负折射率材料在物理上是可能的，还解释了这种材料的含义。维萨拉戈指出，负折射率材料的平板将作为一个透镜：与普通透镜不同，它不需要表面的曲率来聚焦光线。（图37）维萨拉戈的论文在发表时乏人问津，但后来圣地亚哥的研究人员重新发现了它，并将其作为研究负折射率材料的起点。[5]

由于光波特性，普通透镜的分辨率是有限的。本质上，由于光波总是在扩散，我们通常不可能将光集中到小于一个波长的地方。这意味着，如果物体间的距离小于一个波长，那么它们的影像会黏结在一起，不能被单独区分。自从光波理论诞生以来，这条规律或多或少被视为光学成像系统的基本限制。

然而，2000年，约翰·彭德里开始对维萨拉戈平面透镜的分辨率感到好奇，他进行了一些波的光学计算来确定其分辨率。令他吃惊的是，他发现这样的透镜在原则上是完美的：如果它被用来为一个点状物体成像，它将产生一个点状的图像。在20世纪初，由于普通显微镜无法分辨原子，对原子结构的研究受到了限制；然而，维萨拉戈透镜似乎可以为任何物体创造一个完美的光学图像，不管它有多小。

　　2000年，彭德里在题为"负折射造就完美透镜"[6]的文章中发表了他的成果。说他在科学界引起了轩然大波都是轻描淡写了；当时研究人员几乎争先恐后，急于证明这一理论的错误。那时我还是博士生，埃米尔·沃尔夫不止一次收到请求，希望他能在某篇匆忙写就的、反对彭德里的论文上合署姓名；不过他很明智，没有上当。

　　今天，彭德里计算的正确性已为世人公认。然而，该透镜仍不完美；当人们开始考量一些实际因素，如透镜中对光的吸收，就会发现在传统透镜的分辨率限制之外，还有其他限制阻止了它的完美属性。维萨拉戈透镜仍然不能给原子成像；但它可以提供比普通透镜更好的分辨率。

　　维萨拉戈透镜的"超级分辨率"已经在许多实验中得到证实。2004年，多伦多大学的研究人员设计了一个用于微波的超级透镜，证实它的分辨能力要强于普通透镜。[7]制作一个比波长小得多的可见光的超级透镜，明显更具挑战性。然而，2005年，加州大学伯克利分校的研究人员表明，一片简单的薄银板就能达到与维萨拉戈透镜相似的效果，可以提供极高的分辨率。[8]

　　对于光学频率，挑战在于超材料的制造。为了制造一个完美的透镜或具有负折射率的材料，人们必须能在三维空间中控制比一个波长还小的基体结构。如果我们把超材料的基本单位——"超原子"想象成边长为百亿分之一米的玩具积木，就可以理解这种困难。那么，任务就是将这些极其微小的积木完美地组装成一个总长度为几厘米的结构。在这一点上，我们仍然缺乏价廉且有效的实现手段，但考虑到科学已经取得了如此巨大的进展，我们没有理由否定它的可实现性。

完美透镜的宣布可以说标志着光学物理学进入一个全新的时代。在整个自然探索的历史中，科学家和自然哲学家一直在问："光是什么？""光能做什么？"随着元材料进入视野，研究人员现在会问：我们怎样才能让光做我们想让它做的一切？

光学科学家多年来苦苦钻研的许多规则现在被证明更像是指导方针。这自然让许多研究人员想知道：我们还能用这种材料做什么？正如我们现在所看到的，其中一个答案就是……设计一件隐身斗篷。

　　　　隐形：不被发现的历史与科学

14

隐身斗篷的问世

隐形武器运输车重达半吨，有着巨大的内部空间，可以容纳一个人和一颗核聚变炸弹，还有发动机和光放大器的电源。运输车周身都覆盖着柔性塑料导光棒，导光棒的末端盘根错节地放置着，旁逸斜出地指向四面八方，交织成一幅马赛克似的图案；这样的设计，就是要让光在运输车体周围弯曲。

——节选自奥基斯·巴崔斯（Algis Budrys），《为了爱》
（"For Love"），1962

维萨拉戈和彭德里的完美透镜在某种意义上完美过头了：它产生的图像与被成像的物体大小完全相同。这样一来，完美透镜在显微镜观察等实际应用中就失去了用武之地：通常，在使用显微镜进行观察的时候，物体的图像会被放大到可以用肉眼记录或看到的大小。如果用完美透镜来对一个肉眼无法看到的物体进行成像，那么所产生的图像依然无法通过裸眼观测到。

2000年，彭德里发表了关于完美透镜的论文，随即开始探索升级版的透镜，用以呈现放大之后的图像。这样的透镜就不再完美

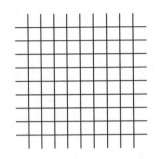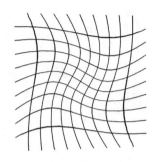

图38　图中显示的是呈扭曲状的离散网格，用于变换光学。左边是原始网格，右边是扭
曲后的网格

了，但它会变得更加实用。2002年和2003年，在一种新数学工具的
辅助之下，彭德里推出了这种透镜的若干新设计；自20世纪90年代
中期以来他就一直在开发这个工具，现在被称为变换光学。[1]

　　物理学和光学中的问题日趋复杂，相应地，研究人员越来越多
地使用计算机模拟对开发中的系统展开研究。对于光学来说，这涉
及使用计算机来求得麦克斯韦方程的解。然而，若是光在一个非常
复杂的结构中传播，要做这样的计算也许会比较麻烦，并且可能需
要很长的时间来评估计算结果。这些计算是通过在离散的网格上呈
现空间来完成的，而电磁场又是在网格的交叉点处得以测定。1996
年，彭德里和他的学生安德鲁·沃德表明，通过对网格进行数学变
形可以简化许多计算，从而使其与要研究的实际光学结构的匹配性
更高。（图38）[2]

　　在研究中，彭德里和沃德注意到麦克斯韦方程一个奇怪的属
性——总能找到某种光学材料来实现任意的空间扭曲——这至少在
理论上是成立的。一个新的策略便应运而生：要设计一种能以某种
方式操纵光线的材料，首先要确定相应的空间扭曲。一旦空间扭曲

　　　　　　　　隐形：不被发现的历史与科学

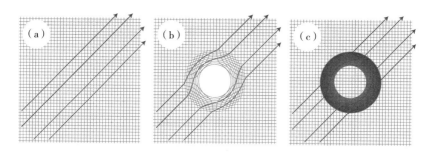

图39　扭曲的空间产生了一个隐身斗篷，还有模拟这个斗篷的同等材料结构。光线呈对角线式地穿过图像，其路径和空间一样也被扭曲了

得以实现，人们就可以使用麦克斯韦方程来确定可以产生这种光学效果的材料结构。

　　变换光学基于爱因斯坦用于研究其广义相对论的数学原理，不过将同样的原理应用于这一光学领域中时，其内涵不尽相同。根据爱因斯坦的引力概念，若是一个巨大的物体扭曲了它附近的空间和时间，就会影响到其他物质和光线在空间中的路径。变换光学同样涉及应用于扭曲空间的数学原理，不过是把这些原理作为设计光学设备的工具。

　　基于以上所述，对于隐身斗篷的设想就是一件顺势而为的事了——通过扭曲空间来引导光线绕过位于中心的隐身区域继续前进，如入无人之境。（图39）我们可以首先想象一个普通空间的区域，它的网格显示空间中任何两点之间的相对距离；然后再假设这个空间里出现了一个极小的孔，并将这个小孔拉伸成一个尺寸有限的洞。这样一来，我们就弯曲和扭曲了小孔周围的区域，因而释放出了更多空间。通过这一区域的光波也会扭曲，并被挤出了位于中心的隐身区域。一旦实现了这样数学意义上的扭曲，而且它具有如我们所愿的性状，接下来要做的就是就转而研究麦克斯韦方程，以求找到模仿这种扭曲的同等物质结构。

到2005年，彭德里已经充分理解了使用变换光学技术制作斗篷的方法。那年4月，DARPA（美国国防部高级计划局）的瓦莱丽·布朗宁正在得克萨斯州圣安东尼奥组织一次关于超材料的会议，并要求彭德里做一次演讲。她特别要求彭德里"以生动形象的方式把主题讲解清楚"。彭德里于是想到，如果把隐身的可能性作为演讲的主题，就正好可以证明变换光学是有应用价值的，而这种技术当时基本上并不为科学界所知。关于这一点，彭德里描述如下：

> 当时我正在研究变换光学的理论，这是我开发的非常强大的设计工具，应用于电磁学领域；我想，如能证明物体可以避开电磁辐射的探测而隐形，这会是个不错的玩笑。妻子建议我检索一个叫哈利·波特的人，我从来没有听说过他，但他显然与隐身斗篷有关。然而，学界可没把这个当玩笑，而是视其为严肃科学；从此，如何实现隐身成为超材料界的一个重要主题。[3]

目前在杜克大学工作的大卫·史密斯未能参加圣安东尼奥会议，但在得知了关于隐身的提议后立即提出要进行实验设计。因此，他的研究小组在关于该主题的第一篇正式理论论文发表之前，就给打造隐身斗篷这一计划开了个好头。

然而，彭德里并不是唯一一个研究隐身斗篷可能性的人，这可是科学界的一种常态。2002年7月，当时在圣安德鲁斯大学的乌尔夫·莱昂哈特在加州圣巴巴拉的卡夫里理论物理研究所参加了一个关于量子光学的小规模项目。讨论的主题包括超材料和负折射，彭德里和大卫·史密斯都出席了会议，并就他们在负折射方面的工作发表了演讲。

对于光学和爱因斯坦的广义相对论之间的关系，莱昂哈特多年来一直十分感兴趣，他在1999年发表了这个主题的第一篇论文，展示了某些移动光学系统模仿黑洞形状的一些细节。[4]关于超材料的会议讨论之后，莱昂哈特回忆说："我听了大卫·史密斯和约翰·彭德里的演讲，其中提到了对于负折射的不同意见，我还了解到超材料的概念以及在实验中使用这种材料的情况。我立即意识到，这个领域的下一个课题将是隐身斗篷。"[5]在圣巴巴拉会议上，莱昂哈特和彭德里就物理学问题进行了多次讨论。莱昂哈特分享了关于引力的光学模拟物的知识，而彭德里介绍了对超材料的见解。这两位都没有提到，或没有意识到对方正在思考隐身斗篷的可能性。

莱昂哈特和彭德里设计隐身衣的方式十分相似，即通过数学运算形成一个扭曲的空间——这就是隐身斗篷的本体，然后确定能模拟这种扭曲的材料结构。这个原理非常简单明了，但如何让它发挥作用却是一个挑战；在接下来的几年里，莱昂哈特一直致力于研究隐身斗篷的数学原理。最后，2005年9月，在前往墨西哥参加研讨会的航班上，他灵感迸发，找到了隐身斗篷设计拼图中缺失的那一块，并立即开始撰写论文，发表研究成果。[6]

事实证明，发表这篇论文不比将隐身斗篷变为现实来得容易。莱昂哈特将论文寄给了著名的《自然》杂志，但被拒绝了，随后又寄给了《自然物理学》，仅两天后再次被拒。他后来将论文提交给了另一本极富盛名的《科学》杂志，但两周后还是收到不被录用的通知。[7]

再后来，2006年初，莱昂哈特向《物理评论快报》投稿，该杂志长期以来被公认为物理学的顶级杂志；然而幸运仍然没有垂青于他。其中一位审稿人认为这篇论文不应该发表，因为在审稿前不久他参加了一系列会议，听取了彭德里（尚未发表的）关于隐身斗篷的研究报告，因此莱昂哈特的工作成果无法代表业界最新的进展。这种拒稿方式未免有点荒谬——尚未发表的研究成果与其他研究是否应该发表没有关系。据此，莱昂哈特开始向《物理评论快报》提出申诉。

这一次，意料之外的是，好运终于降临在他身上了。《科学》杂志向莱昂哈特抛出了橄榄枝。该杂志当时收到了彭德里、舒里格和史密斯共同完成的关于隐身斗篷的文章，与莱昂哈特论文中关于隐形的策略和数学原理非常相似，于是编辑决定将这两篇论文一起发表。这两篇论文刊载在2006年5月的《科学》上，前后相接。（图40）[8]

这两篇论文立即在国际上引起了轰动，几位作者也被潮水般的问询包围，要求他们解释斗篷的工作原理和潜在的用途。莱昂哈特和彭德里团队都用同样的比喻来解释他们的斗篷是如何实现隐身功

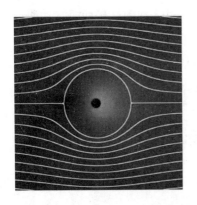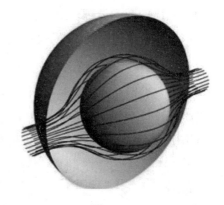

图40　莱昂哈特的隐身衣（左）和彭德里、舒里格和史密斯的隐身衣（右）。插图来自莱昂哈特所作《光学共形测绘》，发表于《科学》，312（2006）：1777-1780（左）；以及J.B.彭德里，D.舒里格，和D.R.史密斯所作《控制电磁场》，发表于《科学》，312（2006）：1780-1782（右）

能的:"有这么一种可能:引导光线绕过某一个洞口,就像河里的水绕过石头一样,这样就看不到里面的物体了。"[9]奇怪的是,这样的说法在几十年前就在一位科幻作家的笔下初见端倪。作家A.梅里特撰写了许多经典的科幻小说和幻想小说,尽管他如今几乎彻底淡出读者的视野,但在当时是非常成功的。在梅里特的小说《深渊中的脸》(1931)中,一个名叫格雷顿的美国人在南美洲寻找印加人的宝藏,却发现了一个失落的文明和一个被囚禁在巨大石脸中的邪恶神灵。他还遇到了蛇母的仆人,即带翅膀的蛇,这些蛇可以随意显现和隐形。这些看似超自然的能力在梅里特的描写中得以合理化:

> 这些长着翅膀的蛇是隐身斗篷的灵感起源吗?事实证明,这样的说法是有科学依据的。安布罗斯·比尔斯在自己所写的故事《鬼东西》中推断,上述事物都可能是存在的;威尔斯在《隐身人》中提出了同样的想法;莫泊桑在精神失常之前,写出了《奥尔拉》这个令人神魂颠倒的故事,在其中也对这些现象进行了探秘。科学界知道隐形这件事是可能实现的,全世界的科学家都在试图揭开隐形的奥秘,以便在今后的战争中如虎添翼。是的,可以隐身的"使者"不是一件难以理解的事。设想一下,有这么一种既不吸收也不反射光线的物体。在这种情况下,光线射向那个物体,就像湍急的小溪中的水流过淹没的巨石,这样一来石头就没了踪影。光线经过的东西也是如此——光线在它上面弯曲,让人的视线直接触达这个物体的后方。因此,中间的物体就实现了隐身,因为这个东西既不吸收光线也不反射光线,所以它本身并没有发生变化,只是隐形了而已。[10]

梅里特明确声明，自己基于安布罗斯·比尔斯、威尔斯和居伊·德·莫泊桑的作品设法准确推断出了真正的隐身斗篷的工作原理，至少他通过类比达到了这个目的！

关于隐身这件事，其他科幻小说作者也提出了类似的推断。也许从技术方面来看最准确的解释出现在奥基斯·巴崔斯1962年的短篇小说《为了爱》中，这个故事讲述道，人类建造了一个隐形的武器运输工具，向在地球上居住的敌对外星飞船运送聚变炸弹。该武器载体使用光纤电缆网络（一种材料结构）来引导运输过程中的光线。

当我第一次读到莱昂哈特和彭德里及其同事新发表的关于隐形的论文时，我再次想到了这个问题：难道隐身真的不能成为现实吗？沃尔夫、哈巴希和纳赫曼在十年前就找到了证明，表明真正意义上的隐身是不可能实现的。

两个研究小组对这个问题有不同的答案。我与乌尔夫·莱昂哈特于2003年在基辅的会议上相遇，这是我第一次得知问题的答案。当我说，"完美的隐形是不可能实现的"，他的回答是："为什么一定要完美呢？"例如，能达到80%或90%的隐身就已经很了不得了。在电影《捕食者》（1987年上映）中，不完全隐身的捕食者在运动时虽然会被视线捕捉到，但它仍然能够消灭阿诺德·施瓦辛格率领的精英准军事小组的所有成员，当然施瓦辛格本人得以幸免。在他的设计中，莱昂哈特使用了一个简单版本的变换光学，从而得到了一个不完美的隐身斗篷，但原则上比彭德里、舒里格和史密斯的版本更容易制造。[11]

然而，彭德里、舒里格和史密斯的设计基于精确的变换光学，在理论上是"完美的"。然而，这个设计与沃尔夫、哈巴希和纳赫曼的证明并不冲突，因为这些作者证明了正常材料是不可能隐形的，而彭德里、舒里格和史密斯的斗篷使用了自然界中没有的超材料。

具体来说，沃尔夫、哈巴希和纳赫曼的研究结论只适用于非磁性材料。然而，彭德里、舒里格和史密斯的设计则要求斗篷的材料具有磁性反应。此外，斗篷必须由双折射材料制成，就像托马斯·杨在大约两百年前所用的光学方解石，他以之来论证光的横波性质。沃尔夫、哈巴希和纳赫曼的研究结论并不适用于各向异性的材料，如方解石。

应该指出的是，隐身斗篷的物理原理也可以通过完全破坏性干扰来解释，就像之前阐释的非辐射源和非散射散射体一样。在隐身斗篷中，由于破坏性干扰，散射场永远不会逃出斗篷区域；我们可以再次想象，斗篷的电和磁成分产生的散射场最终会相互抵消掉。然而，研究隐身斗篷的论文给我们带来许多启示，其中之一是认识到变换光学是一种更好的设计隐形物体的技术。

2006年11月，在关于隐形的理论论文发表仅六个月后，大卫·史密斯和他在杜克大学的合作者就制造出了第一件隐身斗篷的粗略原型。[12]他们设计的斗篷呈扁平状，夹在两块金属板之间，在微波波长的光线下起到隐形作用，（图41）他们使用的是之前验证过的有负折射率的材料。这个具有实验性质的斗篷是一个简化的设计，更容易制造，并不能实现"完美的"隐身效果。不过这个斗篷确实证明了光可以像理论预测的那样被引导到中心隐身区域周围。

因此，到2006年，超材料和隐身斗篷已经完全被公众和科学界所知。每个人的脑海中都有两个强烈的疑问：如何才能制造出可见光中的隐身斗篷——也就是说，一个真正的隐形物体？以及这些隐形装置可以用来做什么？在当时，似乎一切都有可能。例如，大卫·舒里格建议说："你可能希望给某个炼油厂披上一件斗篷，让

图41　第一个实验性的微波斗篷。照片由大卫·R. 史密斯（David R. Smith）教授提供

它不再遮挡视线，使你能够在房间里欣赏海湾景致。"这与亨利·斯莱萨的设想十分相似——出自他1958年出版的短篇小说《隐形人谋杀案》，其中提到了一种隐形涂料（名为sulfaborgonium）。[13]在接下来的十年中，会有许多人试图回答这两个问题，而答案常常出人意料。

15

奇趣丛生

箱子打开后，可以发现里面是一个长三尺，宽二尺，深半尺的空间。里面沿着一侧整齐地摆放着20个小电池盒，它们由盘绕着的柔性电缆连接起来，还配有20个头戴式耳机，每一个上面都有外形奇特、结构复杂的护目镜。这个箱子基本上是空的。德卡龙把手伸进去，用熟练的动作把护目镜和电池盒递给她的指挥官。然后，她更小心地将手伸向箱体，然后那只手瞬间就消失了。接着，更加诡异的事情发生了，德卡龙的身体好像是一点点被抹去，直到只剩下一双脚，渐渐消失在箱子的空间里面。随后，把隐形靴子套到她的脚上的时候，它们就立刻遁形了。

——约翰·坎贝尔（John W. Campbell）以唐·斯图尔特（Don A. Stuart）为笔名发表的《艾希尔的斗篷》（"Cloak of Aesir"），1939

2006年发表的隐身斗篷设计非常了不起，因为理论上，这些设计提供了科幻小说作者梦寐以求的"完美"隐身效果。一个完美的隐身衣可以隐藏任何大小合适的物体，可以把光线完美地引导至中心隐身区域周围，光线就会沿着这个路线前进，而不会被扭曲。

尽管关于隐身的论文多具有开创性意义，但每个人都认识到，这些试探性的设计留有一些严重的局限性。例如，这些隐身斗篷会留下影子，可能还会有其他问题。所有的材料（即使是高度透明的种类）在自然状态下都会在一定程度上吸收光线。例如，在一个深水池的底部，一切都呈现蓝色，因为红光已被先行吸收，而在海洋深处，完全是一片黑暗，因为所有的光在从海面穿梭到海底的过程中都被吸收了。构思于2006年的隐身斗篷是无源光学装置——它们在不增加系统能量的情况下引导光线进入斗篷所在的区域，因此一些光线在引导下前进时会被吸收，这是不可避免的。这些无源隐身斗篷至少会投下一个微弱的影子，就像杰克·伦敦的故事《影子与闪光》中的人物一样，它们在理论上是可以被探测到的。

这些隐身斗篷还必须在整个体积内有极端的折射率变化，以隐藏隐身区域，而且必须伴有极端的各向异性。这种极端的变化很难实现，并且提出了制造可见光的超材料这个新的要求，而这本身就已经是一个未解决的大难题了。

初代隐身斗篷还存在第三个问题：如果它完美地实现了隐身效果，那么就没有人可以看到斗篷，但躲在斗篷里的人也将无法看到任何东西！理论上，隐身斗篷可以阻止所有光线进入隐身区域，这就使它可以成为间谍的道具，只不过不甚完美罢了。科幻小说作者当然也意识到了这一点。在约翰·坎贝尔写的故事《艾希尔的斗篷》中，被称为萨恩的外星人已经征服了人类，但他们发现自己遭到了一个名叫艾希尔的超能力者的反抗，这个人拥有一件无坚不摧的黑暗斗篷。为了困住艾希尔，萨恩人启用了他们珍贵的隐身斗篷，上面配备了护目镜，这样一来佩戴者能够看到紫外线。虽然斗篷能阻挡可见光，

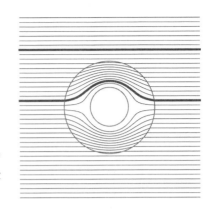

图42　隐身装置的相对局限性。在隐身中
心附近的光线比装置外的光线要通过一段
更长的距离

但紫外线能穿过斗篷并成为可见光，让斗篷佩戴者仍然保有正常视线。只有让被隐身的物体感知外部世界，才能真正实现隐形。

最初的隐身斗篷碰到的最大困难或许与光速有关。一道光线经过斗篷附近时，必须绕过斗篷区域，这就比在斗篷外前进的平行光线要走更长的距离。但是，为了使斗篷真正不被看见，光线必须在同等的时间内穿过这些不同的距离：不然的话，人们可以通过计算光线穿过该区域的时间来探测斗篷的存在。因此，通过曲折路径穿过斗篷的光线必须比在空气中穿行的光线更快。（图42）但空气中的光速几乎与真空中的光速相同，而真空中的光速是宇宙的速度极限：正如爱因斯坦在1905年提出的狭义相对论中首次论证的那样，没有任何东西能比真空中的光速快。

对于在物质中传播的光来说，有一个小小的漏洞：对于一个单一的波长，或者一个狭窄的波长范围，物质中的光速可能会大于真空中的光速而不违反爱因斯坦的相对论，但是这个波长范围随着隐身衣尺寸的增加而减少，这是已经被证实的。在这个波长范围之外还有一个问题：其他研究表明，隐身斗篷会对隐身范围之外的波长进行更强烈的散射。本质上，任何比微观粒子更大的隐身装置都可以在某种红色或蓝色光线的照射下"消失"，但在任何其他颜色的照射下都是完全可见的，甚至可以看得更清楚。[1]

由于这些限制，自2006年以来，很多关于隐形的研究都把重点放在设计不那么完美的隐身斗篷上，它们虽然不完美，但不会受到最初版本局限的影响。其中一种设计是由李延森和约翰·彭德里在2008年提出的，这种新方法被称为"在地毯下隐藏"[2]。在最初的隐身衣设计中有一个数学模型，用变换光学将空间中的一个点拉伸成一个三维的空腔，光可以围绕这个空腔流动。在地毯式斗篷中，变换光学的作用则是向上拉伸一个二维的表面。如果斗篷和它所隐藏的物体被放置在一个平坦的反射表面上，光线就会被重新定向，就像从平坦的表面上反射一样，起到隐藏物体的作用。（图43）隐身的区域看起来就像是有东西藏在地毯下，凸起了一块，因此被称为"地毯式隐身"。

地毯式隐身斗篷很好地印证了研究人员做出的各种权衡，就是既实现隐形的效果，也获得实用性。这样的隐身斗篷并不完美，因为一个物体只有放在平坦的反射表面上的时候，才能被隐藏。然而，由于这种隐形方式不需要从所有方向上隐藏物体，它对折射率的极端变化和各向异性的要求比最初的隐身设计要低，这就意味着这样的隐身斗篷理论上更容易制造。由于折射率的变化不那么极端，这些设备也能够在更大的波长范围内工作。

研究人员迅速着手制造地毯式斗篷的原型。其中第一个原型是由杜克大学的大卫·史密斯小组设计，在波长约2毫米的微波环境里进行。[3]隐身区域是一个宽约100毫米、高约10毫米的弧形凸起部分。不久之后，加州大学伯克利分校的研究人员制造了一个地毯式隐身装置，该装置可以在接近可见光的波长下工作，波长约为1400

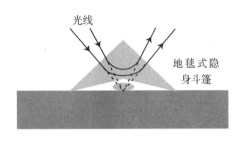

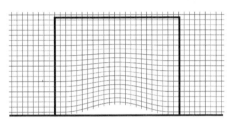

图43 一个地毯式隐身斗篷。上图：光线被弯曲，就像直接从一个平面上反射一样；下图：实现地毯式隐身的地理度量变换

纳米。[4]他们装置的隐身凸起部分约为4000纳米宽，400纳米高——这是一个好的开端，但显然还没有好到足以隐藏一个人的程度。2010年，约翰·彭德里与德国卡尔斯鲁厄的研究人员合作，制造了一个也能在1400纳米左右的波长范围内工作的装置，其凸起部分约1000纳米高。[5]

但是，如何隐藏较大的物体呢？关于这一点，大自然提供了一些意外的帮助。光学方解石——这种各向异性的晶体使托马斯·杨得出了一个正确的结论：光是一种横波，具有正确的各向异性——可以用来建造一个粗糙的地毯式斗篷。事实上，只需将两块方解石适当地切割并粘在一起，就可以制造出一个地毯式斗篷。用方解石制造的斗篷远远达不到完美的程度——它们只能从非常特殊的观察角度隐藏物体，而且斗篷本身也不是不可见的——但它们相对容易制造，而且成本低廉，即使是大尺寸的斗篷也不难。

这个想法似乎是由两个研究小组几乎在同一时间独立提出的。2011年1月，张百乐和乔治·巴巴斯塔斯牵头开展了新加坡-麻省理工学院的联盟项目，他们在《物理评论快报》杂志上发表了论文《可见光的宏观隐身斗篷》（"Macroscopic Invisibility Cloak for Visible Light"）。[6]他们用两块方解石建造了一个地毯式斗篷，可以隐藏一个2毫米高的区域。从人类的角度来看，这似乎还极其微小，但已经足以让人用肉眼看到隐身的效果。此外，这种地毯式隐身对所有颜色的可见光都有很好的效果，这使其成为迄今为止最接近"真正"的隐形。仅仅一个月后，来自英国和丹麦的研究人员与约翰·彭德里合作，推出了类似的方解石地毯斗篷，隐身区域也只有大约1毫米的高度。[7]

两篇关于隐身的论文非常相似，但彼此独立完成，它们的分别发表让人不禁想起2006年一起发表的关于隐形的两篇原创性论文。这两个案例说明，科学界的理念在合适的时机可能会不谋而合。关于这种现象，广为人知的一个例子是1711年艾萨克·牛顿和德国数学家戈特弗里德·威廉·莱布尼茨之间产生的争执。他们各自构建了一个数学学科，即如今的微积分，但关于究竟是谁先发现的微积分，二者展开了激烈的公开争斗。牛顿的支持者甚至指责莱布尼茨剽窃了牛顿的思想；现代历史学家则认为，牛顿和莱布尼茨都是独立发现微积分的。同样，第一件方解石地毯斗篷也是由不同研究者独立创造的，因为所有的研究人员都可以应用正确的知识来制造出斗篷。不过，这两个研究小组并没有像牛顿和莱布尼茨那样发生争执。

目前供职于新加坡南洋理工大学的张百乐仍然使用方解石来制造更大的地毯式隐身斗篷。2013年，他在加州长滩举行的TED会议上展示了一件更大的斗篷，可以隐藏一张明亮的粉色便利贴，令观众惊叹连连。当被问及他对未来的计划时，他说打算继续将斗篷的尺寸升级："尽可能地大"[8]。

张百乐并不是在说空话。同年，他和来自中国的同事们发布了一个改良版的方解石隐身斗篷，该斗篷能使光线从两侧绕过物体，而不是越过它的顶部。[9]他们把这一装置做得足够大，以至于可以让鱼缸里的金鱼隐形，甚至可以让空中的家猫隐形。（图44）

初始版本的隐身斗篷和地毯式斗篷的设计思路一致：光在斗篷内穿过的时间与在斗篷外穿过的时间相等。张百乐的新"射线斗篷"放弃了这一要求，这就使得建造更大的装置成为可能，而且能够在更大的波长范围内操作。这样做的代价是：当光线穿过斗篷后继续移动时，所成之像最终会因这一时间延迟而变得扭曲，使斗篷暴露在视线之中。但完美的隐身性并不是张百乐团队的目标；他们希望这种斗篷可以起到安保和监视的作用，"人们的脑海中可能会出现这样的景象：把观察者藏在一个看起来空无一人的玻璃隔间里"[10]。由于这样的射线斗篷并非在所有方向上都能起到隐身效果，研究人员还建议，可以通过添加一个活动组件来将其改进：让斗篷可以跟踪观察者的位置，并不断地将隐形的一面朝向他们。

隐身术在世界各地的科学界和大众中引起了广泛关注，于是许多研究人员开始探索使物体隐形的其他方法，甚至重新审视早期的隐形观念。早在2005年，关于隐形的一系列论文还没有发表之前，宾夕法尼亚大学的安德烈·阿卢（Andrea Alù）和纳德·恩格塔（Nader Engheta）教授就在研究使球形物体隐形的可能性：即在物体表面涂上一层薄的超材料涂层。[11]他们的方法，即使用多层结构来减少物体的散射光，类似于1969年米尔顿·克尔克提出的微观意义上"看不见的物体"。安德烈·阿卢和纳德·恩格塔从米尔顿·克尔克的研究成果中获得灵感，开始思考超材料涂层使更大的物体隐形的方式。

安德烈·阿卢和纳德·恩格塔提出的隐形原理与2006年的设

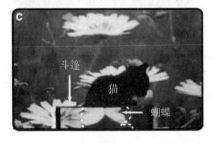

图44　隐藏着一只猫的射线斗篷。插图来自H. Chen, B. Zheng, L. Shen, H. Wang, Xi. Zhang，N. I. Zheludev, and B. Zhang（合著）："非相干自然光下大型物体的光线隐形装置"，《自然通讯》4（2013）：2652

计相比有很大的优势，他们在2009年发表的论文《隐形传感器》（"Cloaking a Sensor"）中提及了这一点。[12]安德烈·阿卢和纳德·恩格塔设计的结构并不阻止光线进入中心区域——它使用破坏性干扰来阻止任何散射光离开该区域。如果把一个传感器放置在该结构的中间，并且通过对该结构的专门设计，达到阻挡来自传感器的散射光的效果，那么该传感器可以接收信息，同时在很大程度上保持隐形。因此，隐身的传感器有可能解决"隐身的人看不见任何东西"这一难题。

阿卢和恩格塔的研究表明，制作一件能够隐藏特定物体的斗篷有许多好处。而香港的研究人员在理论上证明了这样的斗篷还有另一个意想不到的好处：以这样的方法有可能制造出一种实际上并不将被隐藏的物体包裹住的隐形装置。[13]根据这种设计，隐形装置立在要被隐藏的物体旁边，并在其结构中包含一个"反物体"，用以抵消从该物体散射出的所有光线。这一设想太不可思议了，就像是想象一件神奇的隐身衣，即便把它挂在衣帽架上，它也照样能把你藏起来。

第一批隐身斗篷的成型将带来更多不同寻常的其他可能性。正如我们所看到的，不可见物体的存在表明逆散射问题并非是独特的——也就是说，通常不可能通过测量散射场来确定物体的结构。反过来看，人们可以使用超材料去构造一个看起来像任何其他物体的物体——隐身斗篷的存在本身就表明，创造出完美的三维幻象是可能的。从我自己对逆散射问题的研究中，我在2006年论文发表的那一刻就意识到了这种可能性，但从来没有机会去根据这个想法做进一步的研究——这是我在科研上最大的遗憾之一！2009年，来自香港的研究人员展示了外部隐身斗篷，并进行了第一次模拟，展示了他们称作"光学错觉"的可能性。[14]

他们的第一个演示创造了一个"勺变杯"的光学错觉。（图45）最左边的图像显示的是由左边传播而来的波被勺子散射，最右边的图像显示的是被杯子散射的波。中间的图像显示了一个放置在勺子上方的错觉装置，使散射光波总体看起来像一个杯子。错觉装置包含了杯子的图像和勺子的反图像，用以抵消勺子的散射。

此外，研究人员还进行了一个更具戏剧性的演示。因为错觉装置可以放置在它正在作用的物体旁边，并不需要环绕四周，所以我们只要把一个错觉装置放在实心墙旁边，就能产生墙上有洞、光线可以自由穿过实心墙的错觉。

如果有人能直接透过墙壁进行窥视，人们会感到震惊，但这种

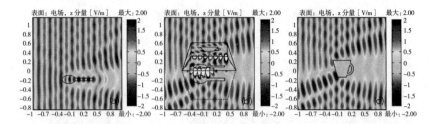

图45 模拟显示"勺变杯"的光学错觉的产生过程。插图转载,许可人:赖耘,吴紫辉,陈焕阳,韩德专,肖君军,张昭庆,陈子亭,《错觉光学:一个物体到另一个物体的光学变换》("Illusion Optics:The Optical Transformation of an Object into Another Object"),《物理评论快报》102（2009）:253902

担心没有必要。错觉装置,就像最初的隐身斗篷一样,只能在很小的波长范围内有效,这意味着只有一种特定波段的红色光可以穿过墙壁。此外,模拟中所使用的墙仅一个波长厚。而可见光的波长大约是一米的百万分之一;如果你房子的墙壁没那么薄,你大可不必对错觉装置感到忧心忡忡。

如果可能制造出墙上有洞的错觉,那么是否可能反其道而行之,制造出一个洞里有墙的错觉呢?同样在2009年,上海和香港研究人员的合作成果表明,这原则上是可以做到的。[15]他们的论文引入了"超散射体"的概念,一个看起来比实际大得多的错觉物体。这样,就可以在一个大开口中放置一个小型的超散射体,创造出一个实心墙——实际上那就是一个光学暗门。

通过进一步探索变换光学与爱因斯坦广义相对论中空间扭曲之间的类比,还可以发明其他奇怪的装置。例如,爱因斯坦的理论假设空间和时间可以被塑造成"虫洞",一种连接遥远时空区域的隧道。它们之所以被命名为"虫洞",是因为它们就像虫子穿过苹果的洞,提供了从苹果一端到另一端的捷径。2007年,艾伦·格林利夫（Allan Greenleaf）、雅罗斯拉夫·库里列夫（Yaroslav Kurylev）、

　　　　　　隐形:不被发现的历史与科学

马蒂·拉萨斯（Matti Lassas）和冈瑟·乌尔曼（Gunther Uhlmann）从理论上论证了利用变换光学制造光学虫洞的可能性。[16]这些光学虫洞并不像广义相对论那样是真正的空间隧道，而是允许光波通过的通道，同时隐藏了其余的结构。

格林利夫、拉萨斯和乌尔曼的研究对隐形物理学产生了重大影响。2003年，也就是隐身斗篷技术领域的开创性文章出现的几年前，这三人发表了一篇论文，指出各向异性材料使得一类特定的逆散射问题变得不再具有唯一性，并且潜在地使物体隐形变得可能。[17]这项研究表明，纳赫曼、哈巴希和沃尔夫的不存在性证明存在潜在漏洞，尽管这一点只能在事后被证实。

尽管光学虫洞看起来像是科幻小说里对于遥远未来的梦想，但这些原理已经在个别情形下得到了验证。2015年，西班牙巴塞罗那自治大学的研究人员建造了一个能够作为静态磁场——如由条形磁铁产生的静态磁场——的虫洞装置。[18]如果把条形磁铁的北极放在这个装置里，它就能有效地拉伸磁铁，使北极看起来像是从结构的远端出现的。该装置采用磁性超材料和超导体的组合来达到这一效果。

磁铁拉伸超材料的创造暗含一个同基础物理学的有趣关联。自然界中所有已知的磁铁都有南北两极，而孤立的北极和南极从未出现过。如果为了分开磁极而把一块磁棒掰成两半，那么我们就会得到两块磁棒，每块磁棒都有自己的南极和北极。[19]1931年，著名的量子物理学家保罗·阿德里安·莫里斯·狄拉克（P. A. M. Dirac）从理论上提出了这样一个问题：如果存在一个孤立的磁极，一个单极，会发生什么？[20]通过结合麦克斯韦方程和量子物理学，狄拉克证明了宇宙中一个磁单极子的出现需要所有的电荷以离散量子比特的形式存在。当然，我们已经知道电荷以离散数量的形式存在，而最小的电荷是由电子携带的。这使得许多研究人员认为磁单极子一定存在，为了寻找这种磁单极子，人们进行了大量的实验研究。[21]

狄拉克的计算方法是通过在数学上"拉伸"一块条形磁铁，使一个磁极固定，并将另一个磁极无限远地拉伸，来创建一个磁单极子。格林利夫及其合作者提出了磁性虫洞理论，而巴塞罗那研究小组则通过实验建立起了磁性虫洞，他们实质上做着同样的事情：如果条形磁铁的一端被放置在虫洞中，它——或者它的磁场——就会被拉伸到虫洞的另一端。虽然这个论证并不能证明自然界中存在真正的单极子，但它表明单极子的概念并不像看上去那样不切实际。

另一个与隐身斗篷有关的奇异结果值得注意。2008年，来自上海和香港的科学家证明了制造"反斗篷"是可能的。[22]研究人员陈子亭和他的同事通过模拟表明，他们把反斗篷装置放置在隐形装置的隐藏区域内，它会抵消隐身斗篷的影响，使整个结构变得可见。这一结果表明，即使是"完美的"隐形装置也有局限性，会在意想不到的情况下露出原形。

随着时间的推移，最初对隐形技术和隐形的狂热已经有所平息。研究人员仍然没有找到能将本章中所提到的科幻小说般的奇特设备化为现实的三维超材料。此外，以上提到的大多数设计都有其局限性，只在很小波长范围内有效果。

然而，最后这种局限在未来有可能有所改变。2019年，瑞士研究人员哈蒂斯·阿尔图格（Hatis Altug）领导的一个国际研究合作项目在享有盛誉的期刊《自然通讯》上发表了一篇文章，题目颇具争议性，名为"快光斗篷下的超宽带3D隐形技术"（"Ultrabroadband 3D Invisibility with Fast-Light Cloaks"）[23]。我们在本书中讨论的大多数设备都是无源装置，它们只能引导光线绕过被遮蔽的区域，而不能给光波增加能量。相反，阿尔图格斗篷是一个有源器件：斗篷的原子储有能量，可以在入射光波经过时为其提供。这使得穿过隐身衣的光波比真空中的光速移动得更快，克服了无源隐身斗篷的波长限制。利用这种有源隐身的方法，研究人员模拟了一种适用于整个可见光谱的斗篷。

为什么穿过活跃介质的光速看起来比真空光速还要快而又不违背爱因斯坦的相对论呢？让我们想象一辆公共汽车在它的中心位置载着一群乘客。在每个站点，一个新乘客在公共汽车的前部上车，一个现有的乘客在公共汽车的后部下车。如果新乘客停留在公共汽车的前部附近，那么，这一群乘客实际上已经在公共汽车中向前移动了。如果我们计算乘客的重心，我们会发现乘客的重心移动得比公共汽车本身稍微快一点！

同样的道理，想象一下我们的公共汽车代表一个光脉冲穿过我们的活跃介质。当我们的脉冲遇到原子时，它会吸收一些原子的能量（乘客进入公共汽车前部），并将能量储存回它已经耗尽的原子（乘客从公共汽车后部离开）。尽管脉冲本身（公共汽车）并没有比以前移动得更快，但是脉冲中的能量向前移动，使它看起来比真空中的光速移动得更快。

如果斗篷的材料选用合宜，它便可以在很宽的频率范围内工作。但这时的斗篷仍不够完美——因为没有东西可以超过真空光速，光从斗篷里穿过相比从斗篷外穿过依然会有时间延迟，从而产生一个非常短的脉冲——但在普通的观测条件下，它可能几乎无法被探测到。

然而，不要指望隐身斗篷会很快出现。这篇论文只包含了模拟结果，没有实验，而且制造一个具有实际意义尺寸的三维超材料斗篷仍然困难重重。然而，阿尔图格和他的合作者所做的工作表明，隐形物理学在未来仍然可能为我们带来惊喜。

16

不只隐身

他弓着背站着，突然，一股晕眩袭来，大地似乎在他脚下发狂似的颠簸起来。他踉踉跄跄，失去了平衡，向前跌落悬崖。

急速下降过程中的气流让他有点目眩，他闭上眼睛，不敢去想下坠二十英尺落地时的撞击。但他瞬间就感到自己已跌到底了，他惊奇又不解地发现自己肚皮朝下横趴在半空中，被一种坚硬的、平坦的、看不见的物质支撑着。他张开的双手触碰到了一个障碍物，像冰一样冷，像大理石一样光滑；他趴在上面凝视身下的海湾，寒意透过衣服向他袭来。他的来复枪在跌落的过程中从手中脱落了，此刻正悬在他身边。

他听到兰利惊恐的叫喊，然后意识到后者刚才抓住了他的脚踝，现在正把他拉回悬崖边。他感到自己的身体在那看不见的平面上滑动，它像水泥路面一样平整，像玻璃一样光滑。然后，兰利扶着他站了起来。两人暂且忘记了他们之间的误会。

"我是疯了吗？"兰利叫道。"我以为你摔下去会死。我们到底撞上了什么好运？"

> "撞上了就是好事，"弗恩汉姆惊魂未定，若有所思地说，"这片盆地上面覆盖着某种固体，但又像空气一样透明——地质学家或化学家都不知道这是啥玩意儿。天知道它是什么，它从哪儿来的，或者谁把它放在那里的。"
>
> ——克拉克·阿什顿·史密斯（Clark Ashton Smith），《看不见的城市》（"The Invisible City"），1932

我们通常认为物理学是一门在实验室里进行的学科，通过仔细的重复实验，最终引领我们获得对自然界的新认识。但有时候，重大发现往往在最不寻常和最意想不到的地方产生。

1995年在挪威南端西南约160公里处的北海发生的这一奇异事件正是如此。1984年，一个名为德劳普纳（Draupner）的天然气平台在这里建成，它是监控来自挪威各个海上管道的天然气流动的主要枢纽。首先建成的是一个被称为德劳普纳S的载人平台；1994年，增加了一个被称为德劳普纳E的无人平台，两个平台由一座金属桥连接。

德劳普纳E本身就是一个实验：它是第一个采用桶形地基的大型海上平台，底部由多个埋入地下的钢桶支撑。由于采用了新型支撑，平台配备了大量的传感器，可以不断测量其运动和受力，以确认结构特别是在北海的强烈冬季风暴期间也能保持稳定。

1995年元旦，德劳普纳E接受了一次比任何人想象中都更严峻的考验。下午3点，一场暴风雨袭来，一个大得惊人的滔天巨浪拍向平台。平台上的激光测距仪测量到海浪高度为25.6米，而一般暴风雨期间的海浪波高只有12米，连这个庞然大物的一半都不到。其他测量设备也记录了海浪的巨大规模和威力，证明确有一股前所未有的巨大力量击中了平台。幸运的是，平台本身只因进水而受到了轻微损坏，而船员们当时都安全地待在德劳普纳S平台内部，甚至没有意识到发生了什么。

几个世纪以来，水手们一直在谈论那些即使在相对平静的日子里也会突然出现的怪兽海浪：它们是字面意义上的水墙，有着足以将船只打成碎片的力量。人们往往对这些报告不予理会；具有讽刺意味的是，随着对水波物理学科学认识的提高，传统理论认为，尽管这种波有可能形成，但可能性极低，甚至从未被观察到。德劳普纳巨浪彻底改变了波物理学，使科学家们争相了解现在被称为疯狗浪或畸形波的起源，基本上建立了一个全新的波研究领域。

今天，人们公认有许多因素可以促成"疯狗浪"的产生。水波的聚焦，就像光在透镜中被聚焦一样，可以增加波高。两股相反方向的洋流碰撞的海域可以促进波高的放大。[1]例如在非洲南端，西行的阿古哈斯洋流与来自大西洋的东行洋流相撞——这也是现在已知会有规律出现"疯狗浪"的一个地区。然而，最主要的原因可能是所谓的非线性效应：简而言之，在这种情况下，一个较大的波浪会"吃掉"一组较小的波浪，每"咬"一口都会使它变得更大，直到成为庞然大物。

"疯狗浪"现在被认为是对海洋运输和船员安全的真正威胁；据认为，在1969年至1994年间，有超过22艘超级航母因这种海浪而损毁。[2]即使不考虑"疯狗浪"，普通海浪也会破坏近海平台和浮标，任何能将这种破坏降到最低的方法都将是一大福音。

2012年，加州大学伯克利分校的穆罕默德–雷扎·阿拉姆（Mohammad–Reza Alam）提出了一个新颖的解决方案：水波的隐身斗篷。（图46）阿拉姆的策略利用了可以在水面下形成的内波的存在。这些内波可以在水密度从一个常数值急剧变化到另一个常数值的水下产生。

隐形：不被发现的历史与科学

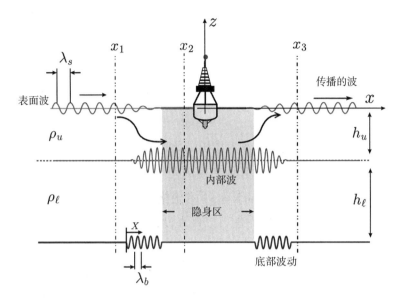

图46　海上隐形技术的概念。插图经许可转载自M. R.阿拉姆（M. R. Alam），《分层海洋中的宽带隐身斗篷技术》（"Broadband Cloaking in Stratified Seas"），《物理评论快报》108（2012）：084502

如果水足够浅，表面波就可以与海底的结构相互作用——我们可以将其称为"海洋超材料"——而这种结构可以特意设计，以将表面波耦合成内部波，反之亦然。其结果是，靠近隐身区的破坏性波浪将被传送到该海域水面下，使表面相对平静。

阿拉姆所讨论的仅仅是理论和计算上的结果，但它们强调了这样一个事实，即隐形技术不仅仅可以用来使某些东西不可见——它们还可以用来保护物体。正如阿拉姆自己所说："我们注意到，就海洋应用而言，在保护海洋物体免受即将到来的强大海浪的影响上，掩盖比使其痕迹不可见更重要。"[3]

因此，隐形技术未来可能不仅仅用来试图隐藏一个物体。它也有可能成为保护物体不被其他类型的电波破坏的一种方式。与隐形相比，保护是一个更低调、更可实现的目标。一个只能达到50%隐形效果的装置是一个相当无效的隐藏方式，但是一个能抵挡50%破坏性海浪的海洋斗篷可能会决定受保护物体的生存或毁灭。在我们结束对隐形历史的讨论之前，将展望一下隐形技术超越遁形之外的应用。[4]

首先，我们注意到，作为最初设计隐身斗篷的关键，变换光学的数学原理可以用来设计其他新颖的光学设备。例如，在2008年，研究人员权道勋（Do-Hoon Kwon）和道格拉斯·H. 维尔纳（Douglas H. Werner）证明了变换光学可以用来设计具有90° 尖锐直角弯曲的光纤电缆。[5]光纤电缆是通信基础设施的一个关键组成部分，其核心仅仅是长而薄的透明玻璃电缆，信息可以在其中通过脉冲光来传输。然而，倘若电缆中存在急剧弯曲，光线就会"泄漏"出来，这将导致通信信号的损失。权道勋和维尔纳表明，有可能利用变换光学来设计一种新型光纤弯曲技术，这样光线便不会泄漏。这种弯曲可用于设计占用更少空间的光纤系统。

我们可以想象这个设计过程是如何进行的——变换光学的强大之处就在于：只要用一点想象力就能够发明新设备。我们再次以平坦空间为例，这次用一根普通的直光纤穿过它，然后用数学方法切割空间，并将切割的左侧顺时针缠绕在区域的中心。（图47）结果我们获得了一个有90°折角的区域；然后我们便可以确定何种类型的材料结构能够产生等效的空间扭曲了。

相同作者还利用变换光学设计了一个波准直器，它将收集在不同方向上传播的光波，并将它们全部送往同一方向。此外，他们还设计了一种新型的平面透镜来聚焦光波。同年，来自杜克大学和帝国理工学院的研究人员密切合作，展示了如何利用变换光学来制造完美的分光镜，它将一束光平均分成两束，而没有任何光线被反

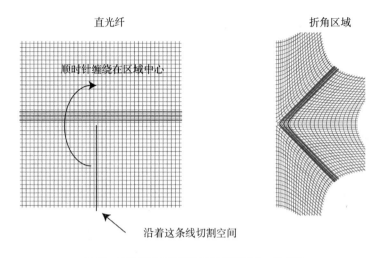

直光纤   折角区域

顺时针缠绕在区域中心

沿着这条线切割空间

图47　变换光学如何用于设计光纤弯曲。作者图

射。2012年，范德比尔特大学的研究人员表明，变换光学可用于设计能够以最小的损失将光从光纤耦合到硅微芯片的设备。在未来，我们可能会看到变换光学技术如何改变我们的通信技术。[6]

　　然而，变换光学最令人感兴趣的用途是对其他类型的波和场的隐形技术的研究。光是一种电磁波，这意味着它是快速振荡的电场和磁场的结合。在利用光线的隐身斗篷问世后不久，研究人员开始研究是否有可能创造出能够隐藏物体的静态电场和磁场的斗篷——即利用不随时间变化的场。例如，由强大的电容器产生的电场以及由强大的永久磁铁产生的磁场。

　　2007年，本·伍德和约翰·彭德里设计了第一个可以适用于静态磁场的超材料。该设计需要使用超导体，即电阻为零的材料，将其塑造成一系列的板块，然后将其组装成一个磁体斗篷。在接下来的一年里，伍德、彭德里和合作者证明了这些超导超材料和理论上预测的一样有效，但他们仍然没有走到制作斗篷的地步。[7]

2009年，西班牙的研究人员对由薄超导板组成的磁性超材料进行了更进一步的模拟；他们就是后来建造"磁虫洞"的研究人员。2012年，西班牙的研究人员与斯洛伐克的一个团队合作，推出了一种新的、更简单的磁斗篷设计，他们通过实验证明，该设计与预测的一样有效。这项技术由一个铁磁环环绕着一个超导环组成，富有一种简洁的美感。铁环将磁场线拉入环中，同时超导环又将磁场线排斥在环外。如果铁环的厚度选择得当，这一套组合系统将能够把磁场线排斥在隐身区域外，而装置外的磁场不会产生扭曲。[8]

同样在2012年，来自中国兰州和南京的研究人员在实验中展示了一种防静电场的隐身装置。[9]

这种静电场斗篷会有什么应用？现代计算机系统对静电放电的损害非常敏感；那些必须放在强电设备附近的电子产品可以通过使用静电斗篷进行保护。磁共振成像会用到强力磁铁，这些磁铁会在周围产生强大的磁力，以至于操作者必须注意不要带着任何含铁金属靠近它们。如果需要将电子设备置于更靠近磁共振系统的位置，磁性斗篷就派上了用场。

变换光学还被用于设计一些更加奇怪的斗篷。2012年，法国研究人员再次提出了"转化热力学"的概念，即利用转化技术来控制热的流动，而非控制波。[10]普通的热是分子随机运动的表现，它不像波那样传播，而是在一个区域内扩散。不可能无限期地将热量挡在一个区域之外；在大热天里，一个冰冷的烧瓶，只要有足够的时间，就会升温到与外界温度一致。但是，研究人员利用转化热力学证实他们能减缓热量流入隐身区域的速度。热力学隐形技术与传统的隔热材料相结合，可以提供极佳的抗热能力。

我们也已经介绍和模拟过了声波斗篷。2008年，来自不同国家的学者发表了一篇文章，针对这样一个三维声学隐身外壳进行了研

隐形：不被发现的历史与科学

究。声学隐身并不像光学隐身那样受到相对论的限制，这使得实现宽带声学隐身更加可行；2011年，伊利诺伊大学香槟分校的研究人员成功设计并实验测试了超声波的声学隐形技术。[11]

人们通常将"声波"一词与在空气中传播的声波联系起来，但声波也可以在固体物质中传播。对声波隐形技术的研究自然而然地引向了一种更吸引人的可能性：地震斗篷技术，或针对地震波进行保护。早期，法国马赛和英国利物浦的研究人员在《物理评论快报》杂志上发表的一篇论文中提到了这种可能性。[12]他们提出了这项技术几种可能的应用：保护汽车的精密部件免受道路持续振动的影响，以及在更大的范围内保护某些结构免受破坏性地震波的影响。

地震波比电磁波要复杂得多，有四大类型：P波、S波、瑞利波和勒夫波。瑞利波和勒夫波是表面波，大部分的地震活动都被限制在表面；P波和S波则延伸到地球深处。P波（"一级波"）是纵波，也是地震波中最快的；它们是地震中首先被探测到的波。S波（"次级波"）是横向波，上下振动，速度比P波慢。瑞利波，由英国物理学家瑞利勋爵在1885年首次预测，是纵向的表面波，导致地面的滚动，很像水中波浪的上下运动。勒夫波是水平横波，在其行进过程中横向撕裂地面。

由于地震波种类繁多，其传播的波长范围也很广，要在某个结构中完全屏蔽所有的地震波大概是不可能的。但是，能够阻挡相当一部分地震波的地震斗篷足以补充现有的抗震结构，使其在地震发生时更加稳定。

伴随地震波的还有一个问题：设计一个隐身斗篷引导地震波绕过结构随后继续传播，不仅不现实，更不道德：被保护的建筑物正后方的业主可能会相当不高兴。2012年，一位澳大利亚的韩裔研究人员首次提出了地震隐身斗篷的详细方案，采取了略微不同的保护方法。[13]地震超材料由埋在被保护建筑周围的大量超结构组成，这些超材料不会引导地震波，而是将其能量转化为声音和热量，尽管有可能发出令人难以置信的噪声，但会拯救处于斗篷中央的建筑。单个超结构被设计为几米高的圆柱体，与地震波的大波长相一致。

但这项研究只是纯理论的：地震隐身斗篷在实践中的效用又如何？同样在2012年，德国研究人员建造并测试了马赛–利物浦声学隐身斗篷的原型，并证实了它的可行性。该装置的直径只有几厘米，但作者认为，该设计可以进一步放大到符合地震保护要求的尺寸。[14]

一个更令人印象深刻的演示紧跟着出现了。2012年，马赛研究人员在法国格勒诺布尔市附近对地震超材料进行了第一次实验，同时也是第一次成功测试。[15]为打造超材料，人们从地表向下钻了一组五米深的洞。根据模拟，这些洞是为了阻挡由"振动探针"产生的地震波。一组传感器被安排在超材料的另一侧，以观察是否有任何波可以穿透结构。（图48）他们的结果清楚地表明，超材料明显阻挡和削减了来自震源的波。

但是地震超材料会在真实地震中发挥作用吗？在这里，大自然已经给出了一些有用的线索。2016年，来自英国和法国的研究人员就森林在筛选地震活动方面的有效性进行了研究。合作者将环境地震噪声作为数据源，测量了格勒诺布尔森林内外的地震活动。他们发现，在各种波长的地震波中，瑞利波被阻挡在了森林内部。一些研究者进一步提出问题，是否有可能设计一个森林来阻挡特定类型的地震波。通过模拟，他们确定了一个设计合理的森林不仅可以阻挡勒夫波，甚至可以将这些勒夫波转换成其他地震波，这些地震波可以向下传播到地球内部，从而不会造成任何危害。这种策略让人想起穆罕默德–雷扎·阿拉姆设想将表层海浪转化为深海海浪的海洋隐身斗篷技术。[16]

传感器 　　　5 米深，直径 320 毫米的　震源：－频率：50Hz
　　　　　　　　 洞　　　　　　　　　－水平位移：14mm

图48　2012年在格勒诺布尔市附近进行的地震超材料试验。插图来自布律莱（S. Brule）、雅夫洛（E. H. Javelaud）、艾诺克（S. Enoch）和古诺（S. Guenneau），《地震超材料实验：模制表面波》（"Experiments on Seismic Metamaterials：Molding Surface Waves"），《物理评论快报》112（2014）：133901

　　但是，如果放置在合适地点的树木可以抑制地震波，那么建筑物也可以起到同样的作用。人们早就注意到，在城市地区，地震波有不同的传播方式，而且人们可以抑制这些地震波。马赛的研究小组将这个想法扩展到地震巨型结构的设想之中：这些社区的所有建筑都经特别设计和定位，合在一起，它们发挥了阻挡地震波的超材料的作用。实际上，他们想象的，是一座完全看不见的城市——至少对地震波而言它是看不见的。

　　马赛的研究人员还有一个意想不到的发现。在进行研究以撰写关于地震超材料的文献综述时，他们注意到隐身斗篷的超材料设计与古罗马剧院的支撑结构之间有着惊人的相似性。[17]（图49）这些剧院并非被设计为地震隐身斗篷，但它们的设计可能使它们在无意中

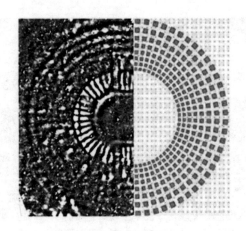

图49　位于欧坦的加洛-罗马剧院的地下磁梯度图与超材料隐形装置结构的比较。来自布律莱（S. Brule）、艾诺克（S. Enoch）和古诺（S. Guenneau）的插图，《纳米光子学在地震巨型结构诞生中的作用》（"Role of Nanophotonics in the Birth of Seismic Megastructures"），《纳米光子学》（*Nanophotonics*）8（2019）：1591–1605

成为了这样的斗篷。评论文章作者认为，可能是这种偶然的地震超材料结构使许多这种剧院在地震中幸存下来，其他建筑物则在地震中被摧毁。

但在这里，在探讨隐身斗篷未来的本书最后一章，我们又兜兜转转回到了原点。当宙斯在古希腊约帕的竞技场给珀尔修斯戴上隐形头盔时，他很可能就站在一个地震隐身斗篷之中！

我们会看到这些隐形和隐身斗篷的设计得到实际应用吗？显然，想要实现对任何类型波的隐身，仍需面对许多挑战，而这些挑战可能永远无法完全克服。然而，正如我在2006年错误地以为第一个隐形实验很久以后才会完成时所认识到的，窥见隐形的未来是很困难的。

附录 A：怎样实施自己的隐形设计！

它们隐形的秘密在于它们的表皮，对应于我们人体的皮肤。它折射了紫外线和红外线之间的所有可见光，即我们人类能看到的所有光谱；把它们周围光线都折射掉以后，它们在我们的眼里就是完全透明的。我用一套棱镜做了同样的事情。

——亚瑟·雷欧·扎加特（Arthur Leo Zagat），《超越光谱》（"Beyond the Spectrum"），1934

请注意：下面介绍的部分实验，如果操作不当，有可能产生危险物质或转变为危险物质。读者如果要尝试做这些实验，必须自己承担风险。本书作者及出版社不能担保或保证大家在使用这些程序时的安全，我们在此声明：我们对本附录所含信息的直接或间接应用不负任何法律责任。如您想做下面的任何实验，请确认自己了解相关安全警示并理解其风险。

正如我们已经了解到的，真正意义上的隐身斗篷需要非常复杂的材料及制作过程，且仍需长期的研究才有可能出现。但我们不妨尝试一些方法，在家里寻找隐形的乐趣。下面描述其中的几种隐形方法，以飨读者。

最易实施，也最吸引眼球的隐形术当属折射率匹配技术。很多工艺商店都出售"水培珠"，它可替代土壤用于室内种植。这些水培珠由聚合物凝胶制成，它们处于饱和状态时90%以上的成分是水，因此折射指数与水相近。如果你将水培珠放进一杯水里，它们会完全消失。这个实验与《看不见的人》中将玻璃粉末倒入水中的情景相仿。

由于水培珠的成分大都是水，上面这个例子不太像正宗的折射指数匹配。另一个实验可以弥补其不足，即耐热玻璃和矿物油实验。耐热玻璃搅拌棒可以在网上购买，很便宜。矿物油可以在药店购买。矿物油在药店是作为泻药出售的，如果一次购买很多，你会招来异样眼光，对此要有心理准备。耐热玻璃棒和矿物油的可见光折射指数几乎完全相同，所以耐热玻璃棒浸入矿物油时，它看上去就像在矿物油表面融化掉了。

如果我们再多费些力气并使用不同的装置，便可以简单地演示隐形的原理了。在此我要特别感谢我的同事迈克·菲迪（Mike Fiddy）和罗伯特·英格尔（Robert Ingel）向我推荐了这个演示方法。要产生隐形效果，我们需要八个直角玻璃棱镜，这些棱镜可以在网上科技用品商店买到，每个只需几美元。如图50所示排列棱镜，从侧面看时，可以看到斗篷后面的物体，但看不到斗篷里面的任何东西。

为了使效果更加明显，玻璃棱镜可以用指数匹配的玻璃胶粘在一起。但我发现，只是演示的话，把棱镜简单地拼合在一起，效果已经很不错了。

在家里像牛顿一样探索透明性概念也并非难事。把一张纸浸入

隐形：不被发现的历史与科学

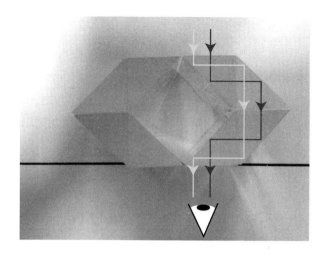

图50　从上往下看的棱镜斗篷。如图所示，可以看到斗篷后面的物体，但里面的则看不到

植物油或橄榄油，使其变透明；如本书讨论过的，油渗入纸张纤维的缝隙里，减少其散射并变得透明。还有一种选择就是购买牛顿的"世界之眼"（*oculus mundi*）：这种石头是一种多孔蛋白石，把它浸泡到水里它会变得透明。同理，水渗透进蛋白石的空隙之中，减少了它的散射，并增加了它的透明性。蛋白石样品可以在网上买到，大概十美元一个。

　　还有一个隐形实验因其历史性很值得一做，虽然我自己还没成功地完成过。1902年，光学物理学家罗伯特·威廉姆斯·伍德（Robert Williams Wood）发表了一篇题为《透明物体的不可见性》的文章，这可能是第一篇探讨隐形物理学的科学论文。

　　对想象力丰富的伍德而言，迈出的这一步还不算大。他不仅是一位有影响力的光学科学家，还是一位科幻小说作家。他和亚瑟·特雷恩发表了科幻小说《震撼地球的人》，故事讲述一个流氓科学家如何通过核武器迫使所有国家实现了世界和平。这部小说大概是在核武器诞生之前三十年发表的，所以特别令人印象深刻。1916年，这两位作家又发表了续篇《月亮制造者》，这可能是首个讲述小行星与地球相撞前发射宇宙飞船撞击小行星的科幻故事。

在那篇关于透明物体的论文中，伍德试图证明另一位著名物理学家瑞利勋爵的假设。几年前，瑞利在他的论文《几何物体》中提出，能够看见透明物体的唯一原因是因为它们被不均匀地照射。也就是说，照射在物体一侧的光线比照射另一侧的光线更多。瑞利提出，在光线均匀照射的区域中，透明物体，就像处于浓雾中的物体一样，实际上是不可见的。

这一早期的假设几乎可以确定是不正确的，但伍德想到了一种非常聪明的办法来论证它。伍德是这么说的：

> 我最近设计了一种获得均匀照明的方法，可以用来展示透明物体在被均匀照明时的隐形现象。简单说，这个方法就是将一个透明物体放置在空心球体内，球体内部表层涂上巴尔曼发光涂料（Balmain's luminous paint），可以通过一个小孔来观察球体内部情况……

> 将此装置带进暗房，将水晶球或醒酒器的刻花玻璃塞置于球体内。如果球体内部暴露在明亮的日光下（阳光或电灯），通过小孔观察装置内的物体，就会发现它几乎是不可见的。如果用均匀的蓝色光线照射球体内部，则要仔细辨认才能发现里面的物体。如果玻璃塞的一个或两个棱面碰巧反射或通过折射显示两个面的接合线的任何部分，它们则会显形。

简言之，伍德将两个半球体的内壁涂上黑夜发光涂料，将一个玻璃物体放入黏合好的两个半球内，在球体上钻一个小洞，用于观察内部。根据他的观察结果，里面的玻璃物体几乎不可见！

我购买了两个塑料半球及暗处发光的喷漆，但尚未将两个半球黏合在一起，也没来得及开始做实验。正如我们在物理课本上常说的，这道题还是留给读者去完成吧！

附录 B：隐形书目

我特意为那些对阅读经典隐形故事感兴趣的读者准备了这份"隐形书目"（invisibibliography），其中有不少是我在书中未曾提及的。我的选书范围大致上定在科幻和恐怖这两类小说上，不过也纳入了一些奇幻故事。大部分故事都选自1960年以前发表的作品，只有少数几个例外。我稍加浏览，就发现早期通俗小说杂志发表了不少这类故事。有鉴于此，下面这个书目当然不算完整。

The Invisible Spy, by Explorabilis [Eliza Haywood] (1754). 叙述人从一位濒死的魔法师手中获得一条隐形腰带，但它让主人公不断陷入悲惨结局。

The Invisible Gentleman, by James Dalton (1833). 一名男子特别希望自己能隐身，却在获得隐身能力后招惹了一大堆麻烦。

"What Was It?" by Fitz James O'Brien (1859). 这是第一个对隐形进行科学解释的故事，用科学道理解释了怪物的隐身道理。

"The Crystal Man," by Edward Page Mitchell (1881). 一名男子参加隐身实验，但试验结束后他仍然处于隐身状态，这让他伤透了心。

"The Horla," by Guy de Maupassant (1886). 一个巴黎人被侵入其住宅的隐身生物折磨得死去活来的故事。

"The Damned Thing," by Ambrose Bierce (1893). 一起谋杀案的调查显示，存在一种奇异的生物，它身上的颜色能让其隐形。

"Stella", by C. H. Hinton (1895). 这是一个传奇故事。一位遗产执行人发现，在他负责分配的遗产中，有一处房产被一位女子占据，她为了躲避未得到遗产男子的纠缠而隐身了。

The Invisible Man, by H. G. Wells (1897). 这是一部经典科幻小说，讲述了一位科学家如何使自己隐身，但他最终发现隐身并不如想象的那么有趣。

The Secret of William Storitz, by Jules Verne (ca. 1897). 一个邪恶的德国人遭恋人抛弃后，把摧毁前女友的幸福当成自己的要务。2011年，凡尔纳这部未经修改的手稿被野牛图书公司译成英文出版。

"The Shadow and the Flash," by Jack London (1906). 在研究隐形法方面，两位科学家互相攀比，最后结局很悲惨。

"The Thing Invisible," by William Hope Hodgson (1912). 这是该作者著名的"幽灵猎人卡纳奇"系列故事之一。在这个故事里，卡纳奇调查了一个闹鬼的小教堂。他自己的经历使他相信，一个看不见的恶魔在夜里出来袭击人类。从故事的最后结局看，这并非一个真正意义上的隐形故事。把这个故事收进来，是因为卡纳奇在故事的大部分时间里都认为故事情节与隐形相关。

The Sea Devils, by Victor Rousseau (1916). 一个潜艇艇长了解到，海底存在一种隐形的类人生物，拼命想躲过它们的攻击。同时，他向人类发出了警告：地面世界即将受到这些生物的入侵。这部作品

最初是连载的冒险故事，1924年结集成小说出版。

"The People of the Pit," by A. Merritt (1918). 一位探矿者在阿拉斯加荒野中发现了一个充满了邪恶的、非人类的隐形生物深渊。

"The Thing from——'Outside,'" by George Allen England (1923). 一群荒野探险者意识到，他们正在被一个看不见的超智能生物跟踪，这个生物将他们视为研究对象。

"The Monster–God of Mamurth," by Edmond Hamilton (1926). 一位考古学家根据古老的铭文找到了一座失落的城市，在城里发现了一座隐形神庙和一个长生不老的隐形怪物。

"The Man Who Could Vanish," by A. Hyatt Verrill (1927). 一位科学家向他的朋友展示了他最新的隐形方法：他竟让一座建筑消失了，并用光学外差法解释了隐形的原理，这相当独特。

"Beyond Power of Man," by Paul Ernst (1928). 一位男子探查一所据说闹鬼的房子时被潜伏在那儿的隐形生物困住了。

"The Dunwich Horror," by H. P. Lovecraft (1929). 腐败的沃特利家族与宇宙恐怖力量做了交易；当该家族的最后一人死去后，他们锁在家里的隐形生物开始肆虐。

"The Shadow of the Beast," by Robert E. Howard (ca. 1930). 一位男子追捕一个通缉犯时进入了一所据称闹鬼的房子，他发现逃犯已经死了，而他自己则被一个怪物、幽灵或野兽追赶。这个怪物除了其骇人的影子外什么都看不见。这篇作品霍华德生前并未发表，1977年才付印。

"The Cave of Horror," by Captain S. P. Meek (1930). 肯塔基州一个猛犸洞里，有人莫名地相继失踪，于是伯德博士被请来解开谜团。他发现一个来自地球深处的隐形怪兽跑到地面觅食。这是一个令人惊讶的有趣故事，对基于紫外线的隐形技术进行了精彩的描述。

　　　　隐形：不被发现的历史与科学

"Invisible Death," by Anthony Pelcher (1930). 一位发明家被谋杀后，一家公司即刻受到所谓"隐形死神"的勒索。公司派出顶尖科学家调查此案，以捉拿罪犯。这个故事的独特之处是提出了通过振动产生隐形的想法，这是一种新颖的方法！

"The Invisible Master," by Edmond Hamilton (1930). 一名科学家发明了隐形术，但他的隐形装置被盗走了。很快，一个隐形罪犯就开始在城市里肆虐。这个故事其实有更丰富的内涵，它是我读过的对隐形和光学的最佳解释之一。

"The Attack from Space," by Captain S. P. Meek (1930). 长得像甲虫的外星人入侵了地球，其目的是将地球人掳走，把他们送到水星上当挖镭矿的奴隶。这些外星人完全不可阻挡，因为他们有隐形宇宙飞船。这一定让你想起《隐形死神》，维克多·卢梭（Victor Rousseau）著（1930）。你没有看错——的确在同一年，同一本杂志发表了两篇关于"隐形死神"的故事。美国受到的威胁来自"隐形皇帝"及其军队，他们有能力让身体、飞机及建筑物隐形，并为美国铺好了一条毁灭之路。最终，两位美国孤胆英雄，一个飞行员和一个科学家，找到了阻挡他们的方法。

"Terrors Unseen," by Harl Vincent (1931). 隐形机器人：隐形–机器人。还需要更多说明吗？这又是一篇关于紫外线隐形的故事。

"The Face in the Abyss," by A. Merritt (1931). 一名探险家在寻找失落的宝藏时意外发现了一个失落的文明、一个被囚禁的神灵和一些隐形生物。

"The Murderer Invisible," by Philip Wylie (1931). 一位疯狂的科学家使自己隐形了，然后开始了他的恐怖统治。

"Raiders Invisible," by D. W. Hall (1931). 飞艇在军事演习中遭到破坏，很蹊跷。飞行员克里斯·特拉弗斯追踪了原因，他发现了苏联人的阴谋：他们想借助隐形的力量来摧毁巴拿马运河。这是另一个利用"伦琴射线"使物体折射率与空气相匹配的隐形故事。

"The Radiant Shell," by Paul Ernst (1932). 邪恶的阿尔瓦尼亚政府获得了一种致命的热射线设计图纸。科学家索恩·温特设法让自己隐身，并潜入阿尔瓦尼亚大使馆盗取该图纸。

"The Invisible City," by Clark Ashton Smith (1932). 一位考古学家在沙漠中迷路时偶然发现了一座隐形城市及隐形外星人。我怀疑这部作品的灵感来自上面提及的汉密尔顿的作品。

"Salvage in Space," by Jack Williamson (1933). 一位太空矿工发现了一艘废弃的太空船，但有一个身躯庞大的隐形偷渡客在守护着它。

"Skin and Bones," by Thorne Smith (1933). 一个用荧光化学药品和大量酒精做实验的人最终把自己变成了一具活骷髅，但人们对此没有你想象的那么反感。

"Beyond the Spectrum," by Arthur Leo Zagat (1934). 在佛罗里达州一座日益扩大的城镇里，人们试图钻井取水，不料却从地球深处跑出了一种隐形智能怪物。

"The Invisible Bomber," by Lieutenant John Pease (1938). 一位科学家发明了一种能在宇宙间穿梭的方法，还可以使人隐形。他用这种技术装备了一架飞机，打算将飞机卖给美国……讨个好价钱。

Sinister Barrier, by Eric Frank Russell (1939). 科学家发现了一种观察远红外的方法，他们发现有一种隐形生物在控制人类并毫无顾忌地杀人以维持其统治。这是一部经典的科幻小说。

"Cloak of Aesir," by Don A. Stuart (1939). 在遥远的未来，人类被外星生物萨恩征服。但有一个名叫艾斯尔的神秘生物，身披无敌黑袍，为人类争取自由。萨恩派装备有隐形装置的特工去破解艾斯尔的秘密。

"In the Walls of Eryx," by H. P. Lovecraft (1939). 一位金星勘探者发现了一个当地人建造的隐形迷宫，他心生贪念，却被困在迷宫里，氧气也快用完了。

"The Invisible Robinhood," by Eando Binder (1939). 这是一个超级英雄的原型故事，讲述一个人在一次实验室事故中发现了隐形秘密，并利用它让罪犯心生恐惧。这种隐形能力是通过光电效应来解释的。

"The Invisible World," by Ed Earl Repp (1940). 一个完全隐形的世界又会怎样呢？太空旅行者怀疑，一个邪恶的军阀在小行星上建立了秘密隐形基地。

Slan, by A. E. van Vogt (1940). 斯兰族拥有卓越智慧、力量和超自然力，他们属于基因突变种族，在一个人类视其为草芥的世界里挣扎。故事主人公发明了隐形飞船，它可以通过"分解"接触船体的任何光线来保持隐形，这一机制听起来很像破坏性干扰和非辐射源。

"The Elixir of Invisibility," by Henry Kuttner (1940). 这是一部隐形喜剧。理查德·雷利是米克博士的助手。作为一次公关噱头，米克诱骗雷利喝下了他新发明的隐形药水。碰巧的是，就在雷利隐形期间，一家银行被隐形人抢劫了。随即演出了一幕又一幕的滑稽事件。

"Invisible One," by Neil R. Jones (1940). 故事发生在26世纪，一名男子为了营救被太空海盗绑架的妻子，同意邪教徒给他施隐形术。

"Priestess of the Moon," by Ray Cummings (1940). 来自月球的生物——月族人——利用隐形技术来到地球拐带妇女。这个故事听起来有点幼稚。

"The Visible Invisible Man," by William P. McGivern (1940). 温和的奥斯卡·杜利特尔在使用隐形膏进行实验时发生了意外，致使他随时都可能隐形和复原，自己完全无法控制。糟糕的是，当他被银行——他的工作单位——指控为小偷时，他竟当场隐形了！

"Land of the Shadow Dragons," by Eando Binder (1941). "隐形罗宾汉"再次归来，他到了一个充满隐形动物生命的偏远山谷，其中包括一条隐形的霸王龙！

"The Invisible Dove Dancer of Strathpheen Island," by John Collier (1941). 一名美国游客在爱尔兰的一座岛屿上游玩，他坚信岛上有一名隐形的"鸽子舞者"，只有栖息在她身上的鸟儿能看见她。他发誓要娶她为妻，但情节并未按预定的计划发展。这个故事的灵感来自1939年纽约世博会上的鸽子舞者罗西塔·罗伊斯（Rosita Royce）。在她跳舞时，七只鸽子会依次衔走她晚礼服上的部分衣物和饰品。

"Invisible Men of Mars," by Edgar Rice Burroughs (1941). 这是埃德加·赖斯·巴勒斯生前出版的最后一个"火星上的约翰·卡特"故事。约翰·卡特和他的孙女被一座掌握了隐形技术的人类城市俘虏！

"The Chameleon Man," by William P. McGivern (1942). 这个故事很难称得上是个隐形人故事，但却很幽默。故事的主人公了无生趣，但他实际上获得了像变色龙一样的能力，能够融入周围环境。

"The Little Man Who Wasn't All There," by Robert Bloch (1942). 这是一个喜剧故事，讲述了一个人借来魔术师的大衣，使自己部分隐身的故事。这种隐身被含糊地解释为某种化学处理的结果。

"Ghost Planet," by Thorne Lee (1943). 故事描述的又是一个隐形

隐形：不被发现的历史与科学

星球！但这次是整个星球都能隐形，不是因为被隐身斗篷遮盖！这个星球的太阳让所有东西隐形。当故事里的英雄们被晒伤后，他们也隐形了，因此得以逃脱。

"The Handyman," by Lester Barclay (1950). 一个有着严厉父亲的男孩交了一个隐形朋友，这个朋友能帮他做家务，很真实。这个故事与其说是科幻小说，不如说是现代幻想小说。

"Love in the Dark," by H. L. Gold (1951). 一个身陷不幸婚姻的女人有了一位新的追求者，而这位追求者恰好是隐形的。

"You Can't See Me," by William F. Temple (1951). 当其他人都交到了隐形好朋友，而自己却是个例外时，此人会感到越来越心神不宁。这又是一个"不完全隐身"的故事，但却是一个有趣的科幻故事。

"War with the Gizmos," by Murray Leinster (1958). 一种神秘生物袭击了人类，它们由气体构成，因而是隐形的。最初遭到袭击的几位幸存者必须马上向人类文明示警。

"The Invisible Man Murder Case," by Henry Slesar (1958). 一系列谋杀案很快被怀疑是由一个并未死亡，而是隐形的人犯下的。

"For Love," by Aldis Budrys (1962). 一艘巨大的外星飞船坠落在地球上进行维修，外星人声称地表世界属于他们，这导致人类几十年来一直躲在地下。为了占据上风，人类建造了一辆隐形车辆，将一枚聚变炸弹直接运到那艘原本无法靠近的外星飞船上。

Memoirs of an Invisible Man, by H. F. Saint (1987). 这是一位商人的回忆录，他在一次实验室事故中隐形了，必须找到如何继续生活的方法。这部小说1992年由约翰·卡彭特导演拍成电影。

Let's Get Invisible!, by R. L. Stine (1993). R. L. 斯坦的"鸡皮疙瘩"系列书籍之一。故事讲述一个小男孩找到了一面可以让他隐形的镜

子。当然，他也因此陷入了各种各样的麻烦。

Mission Invisible, by Ulf Leonhardt (2020). 这是一本关于科学和隐形的小说及旅行的故事。作者乌尔夫·莱昂哈特是隐形科学的创始人之一。

致　谢

这本书应该比上一本书更好写，因为我对这个领域更加熟悉了。但新冠流行让我的写作无论在精神上还是情感上都变得更困难。有鉴于此，我想在此向两年来帮助我克服诸多困难以及以各种方式助我完成本书写作的朋友们表达诚挚的谢意。

首先，我要感谢贝丝·萨博（Beth Szabo）、达琳（Darlene）、达蒙·迪尔（Damon Diehl）和塔科·维瑟（Taco Visser），他们都成了我的好朋友。同时，我还要一如既往地感谢我的滑冰教练塔皮·戴林格（Tappie Dellinger）和吉他老师托比·沃森（Toby Watson），这两种有趣的业余爱好让我心情放松。特别感谢我的老朋友埃里克·史密斯（Eric Smith），并为我未能与他保持更好的联系而致歉。

新冠流行期间，我经常玩《龙与地下城》这款网络游戏，它能让我头脑保持清醒。我要感谢与我一起玩游戏的四个（！）团队；所有参与者现在都成了我的好朋友，如果他们之前还不是的话。感谢"龙"系列游戏团队中的唐娜·兰克洛斯（Donna Lanclos）、明迪·威斯伯格（Mindy Weisberger）、达尼·马尔扎诺

（Dani Marzano）、布拉德·克拉多克（Brad Craddock）、奇普·戴林格（Chip Dellinger）和雷切尔·帕森斯（Rachel Parsons），以及"阿弗纳斯"系列游戏团队中的拉里·德罗西耶（Lali DeRosier）、丽莎·曼格拉斯（Lisa Manglass）、阿尔·霍顿（Al Houghton）、乔希·威滕（Josh Witten）、内森·泰勒（Nathan Taylor）和阿什利·冈尼特（Ashley Gunnet）。此外，还要特别感谢雨果·冈萨雷斯（Hugo González），他主持了我参与的两个游戏，还有下面一起玩游戏的朋友：乔希·威滕（Josh Witten，再次感谢）、萨曼莎·汉考克斯-李（Samantha Hancox-Li）、斯科特·萨瑟兰（Scott Sutherland）、让-塞巴斯蒂安·洛奇（Jean-Sebastien Lodge）和吉姆·费尔（Jim Phoel）。

我是一个充满活力且非常友好的在线社区的一员，无论是在顺境还是逆境中，这个社区都给予了我很大支持和很多乐趣。我要感谢所有在线朋友一直站在我身边。我特别想感谢经常与我交谈，并给予我极大支持的下列朋友：伊斯拉·安德森（Isla Anderson）、亚历克斯·阿雷奥拉（Alex Arreola）、妮科尔·费洛里斯（Nicole Fellouris）、埃弗里·马多克斯（Averie Maddox）、林德尔·巴德（Lyndell Bade）、布伦达·萨尔达纳（Brenda Saldana）、萨曼莎·斯特弗（Samantha Stever）、西丽·塔卡拉（Siiri Takala）、查尔斯·佩耶（Charles Payet）、雅克·冈萨雷斯（Jacque Gonzales）、布莱恩·马洛（Brian Malow）、凯西·克纳（Kathy Kerner）、莱西·阿里（Lexie Ali）和巴尔·司波恩（bhaal spawn）。我确信，这本书付印后我还会想起更多我应该致谢的人，所以请允许我在此提前表达歉意。

特别感谢吉姆·哈撒韦（Jim Hathaway），在我初为人师、致力于科学传播之际，他是最早坚决支持我的那位。没有吉姆的支持，这本书可能永远无法问世。

感谢贝丝·阿彻（Beth Archer）医生，在过去两年混乱的疫情期间她对我的身心健康给予了无微不至的关照。

一如既往，我要感谢我的父母约翰·格布尔（John Gbur）和帕特丽夏·格布尔（Patricia Gbur），感谢他们给予我的爱和支持。

在撰写本书的过程中，我采访了一些科学家，这让我受益匪浅。感谢帝国理工学院的约翰·彭德里（John Pendry）教授和魏茨曼科学研究所的乌尔夫·莱昂哈特（Ulf Leonhardt）教授，他们慷慨拨冗接受了我的采访。同时，我也感谢东京大学的馆暲（Susumu Tachi）教授和杜克大学的大卫·史密斯（David Smith），他们非常大方，允许我使用他们的部分精选图片。

我要特别感谢王尔德赛德出版社（Wildside Press）和弗吉尼亚·基德代理（Virginia Kidd Agency），这两个机构都慷慨授权我引用它们出版的关于隐形的书籍，帮助我将本书打造成我最初设想的样子。

最后，我要感谢耶鲁大学出版社的玛丽·帕斯蒂（Mary Pasti）、珍·汤姆逊·布莱克（Jean Thomson Black）、劳拉·琼斯·杜利（Laura Jones Dooley）和伊丽莎白·西尔维娅（Elizabeth Sylvia），感谢她们在本书的出版过程中提供的一切帮助，以及为完善本书所付出的努力！

注　释

第1章　糟糕的预测

1. Michelson, *Light Waves and Their Uses*, 23 - 24.
2. "Severe Strain on Credulity."
3. Leonhardt, "Optical Conformal Mapping"; Pendry, Schurig, and Smith, "Controlling Electromagnetic Fields."
4. Schurig et al., "Metamaterial Electromagnetic Cloak."

第2章　"隐形"是什么?

1. Thone, "Cloaks of Invisibility."
2. "Japanese Scientist Invents 'Invisibility Coat'"; Tachi, "Telexistence and Retroreflective Projection Technology."
3. Brooke, "Tokyo Journal."
4. Diaz, "Teenager Wins $25,000."
5. Mercedes-Benz, "Mercedes-Benz Invisible Car Campaign."

第3章　科学遇上小说

1. Frazer, *Apollodorus* 2.4.2 - 3.
2. Jowett, *Republic of Plato*, book 2, pp. 37 - 38.
3. Winter, *Poems and Stories of O'Brien*.

4. Winter.

5. O'Brien, "The Lost Room"; O'Brien, "From Hand to Mouth"; O'Brien, "The Wondersmith."

6. O'Brien, "The Diamond Lens."

7. O'Brien, "What Was It?A Mystery."

8. Jowett, *Republic of Plato*, book 10, p. 306.

9. 科学发现通常不以其原始发现者的名字命名，这种现象有一条开玩笑似的定律，即斯蒂格勒的命名定律。斯蒂格勒本人适时地指出，据他所知，这一定律最初是由社会学家罗伯特·K. 默顿引入的。

10. 折射定律规定$n1 \sin \theta1 = n2 \sin \theta2$，其中$n1$和$n2$是两种介质的折射率，$\theta1$和$\theta2$是两种介质中传播的角度；这里的"sin"代表三角函数正弦。

11. London, "Shadow and Flash."

12. Coldewey, "Vantablack."

13. Rogers, "Art Fight！"; Chu, "MIT Engineers Develop 'Blackest Black' Material."

14. Liszewski, "Museum Visitor Falls into Giant Hole."

15. Winter, *Poems and Stories of O'Brien.*

16. 讲一个我联想到的冷知识：《月之暗面》的彩虹封面出自平面设计师斯托姆·索格森（Storm Thorgerson）之手，他后来在1983年给歌曲《梦想街》（*Street of Dreams*）导演了一支MV，创作这首歌的乐队叫……"彩虹"（Rainbow）。

17. 牛顿最初介绍彩虹分红、橙、黄、绿、蓝、靛、紫，如今靛（indigo）不再被认为是彩虹中一种独特的主要色彩了。但人们仍常把靛色算在内，因为那样的话，七种颜色的英文首字母正好能凑成一个人名，便于记忆："Roy G. Biv"。

18. Newton, *Opticks,* 249.

第4章　隐形射线与隐形怪物

1. Southey, *Doctor.*

2. Smith, *Harmonics*; Smith, *Compleat System of Opticks.*

3. Herschel, "XIII. Investigation of the Powers of the Prismatic Colours to Heat and Illuminate Objects; with Remarks, That Prove the Different Refrangibility

of Radiant Heat. To Which Is Added an Inquiry into the Method of Viewing the Sun Advantageously, with Telescopes of Large Apertures and High Magnifying Powers." 赫歇尔是伟大的科学家, 不过他的写作太不简练了。

4. Herschel.

5. Herschel, "XIV. Experiments on the Refrangibility of the Invisible Rays of the Sun."

6. *San Francisco Examiner,* January 21, 1896.

7. Starrett, *Ambrose Bierce,* 22.

8. Bierce, "Damned Thing," 23–24.

9. 《奥尔拉》最初版本于1886年10月26日发表于法国报纸《吉尔·布拉斯》(*Gil Blas*), 修订版则由出版商保罗·奥伦多夫于1887年出版。

10. Maupassant, *Works of Guy de Maupassant,* 8–9.

11. "Zola' s Eulogy," *St. Louis Post Dispatch*, July 30, 1893.

第5章　光从黑暗中显现出来

1. 谈论像托马斯·杨这样在童年时便展现出惊人才智的人非常有趣, 但这会给人一种错误的印象, 即所有科学家一生下来就是天才。根据我的经验, 每一位天赋异禀的成功科学家背后, 都排满了无数在早年无藉藉之名的科学家。

2. Peacock, *Life of Young*, 6.

3. 关于圣巴塞洛缪医院的历史: 医院建立于第一次十字军东征过后仅仅24年。

4. Young, "Observations on Vision."

5. Young, "Outlines of Experiments and Inquiries respecting Sound and Light."

6. Young, "On the Mechanism of the Eye."

7. Young, "Outlines of Experiments and Inquiries respecting Sound and Light," 118.

8. Young, "Theory of Light and Colours."

9. Young, 34.

10. Young, "Account of Some Cases of Production of Colours."

11. Young, "Experiments and Calculations relative to Physical Optics."

12. Young, *A Course of Lectures on Natural Philosophy and the Mechanical Arts.* "杨氏双缝实验"或"杨氏双孔实验"两个术语在文献中的使用情况似乎同样普遍, 我多年来一直想知道杨氏本人是以哪种方式描述的。事实证明两者皆有: "两个极小的孔或狭缝"。

隐形: 不被发现的历史与科学

13. [Brougham], "Bakerian Lecture on Theory of Light and Colours," 450.

14. [Brougham], "Account of Some Cases of Production of Colours," 457.

15. Young, *A Reply to the Animadversions of the Edinburgh Reviewers*, 3.

16. Young, 37.

17. Arago, *Biographical Memoir of Young*, 227.

第6章　光线绕行

1. Peacock，*Life of Young*, 389. "Bas bleus"（法语）翻译为"蓝丝袜"，是18世纪中期用来描述公共知识分子女性的术语。

2. 经典的弹簧玩具Slinky本质上是一个卷曲的弹簧，也可以起作用。

第7章　磁铁、电流、光，大发现！

1. Young, *Course of Lectures on Natural Philosophy*，460.

2. 你可以在家里使用热线聚苯乙烯切割器进行这个实验，这种切割器可以在手工艺品店找到。这根线携带直流电流，在激活状态下靠近时会偏转指南针指针。

3. Oersted, "Thermo-Electricity," 717.

4. Oersted, "Experiments on Effect of Current."

5. Jones, *Life and Letters of Faraday*，I：55.

6. Jones, I：54.

7. Hirshfeld, *Electric Life of Faraday*，3.

8. Faraday, "V Experimental Researches in Electricity."

9. Jones, *Life and Letters of Faraday*，2：401.

10. Faraday, "III. Experimental Researches in Electricity; Twenty-Eighth Series," 25.

11. Faraday, 26.

12. Campbell and Garnett, *Life of Maxwell*, 28.

13. Anderson, "Forces of Inspiration."

14. Maxwell and Forbes, "On the Description of Oval Curves."

15. Maxwell, "XVIII.—Experiments on Colour."

16. Maxwell, "Faraday's Lines of Force."

17. Maxwell, "XXV. On Physical Lines of Force," 161－162.

18. Maxwell, "III. On Physical Lines of Force," 22.

19. Maxwell, "Dynamical Theory of the Electromagnetic Field."

20. Maxwell, *Treatise on Electricity and Magnetism*, ix.

21. Hertz, *Electric Waves*, 95–106.

22. DeVito, *Science, SETI, and Mathematics*, 49.

第8章 波与威尔斯

1. Röntgen, "New Kind of Rays."

2. Frankel, "Centennial of Rontgen's Discovery."

3. 普通透明胶带之所以有黏性，是因为局部区域有可黏在一起的正负电荷。2008年，研究人员表示，在真空中剥开透明胶带可产生X射线，因为电荷从胶带被剥开的部分迅速移动到另一光滑的部分。若是没有空气来减缓这些电子，那电子在与胶带再次接触时就会产生X射线。

4. Bostwick, " 'Seeing' with X–Rays."

5. Wells, *Experiment in Autobiography*, 53.

6. Wells, 62.

7. Wells, 172.

8. Wells, 254.

9. Wells, 295.

10. Wells, *The Invisible Man*, 164.

11. Wells, 171.

12. Wells, *Seven Famous Novels*, viii.

13. Mitchell, "The Crystal Man."

14. Hama et al., "Scale."

15. Coxworth, "New Chemical Reagent."

16. Verne, *The Secret of Wilhelm Storitz*.

17. Wylie, *The Murderer Invisible*.

第9章 原子里面有什么

1. Newton, *Opticks*, 394.

2. Nash, "Origin of Dalton's Chemical Atomic Teory."

3. Faraday, "XXIII. A Speculation Touching Electric Conduction and the Nature of Matter."

4. 拉古萨共和国是一个位于现在克罗地亚的小国家，1358年到1808年存在，当时被拿破仑王朝征服、吞并。不好意思，我自己也不知道这个，所以我查了一下。

5. Perrin, "Hypothèses moléculaires," 460.

6. Tomson, "XXIV. Structure of the Atom."

7. Nagaoka, "Kinetics of a System of Particles."

8. Rayleigh, "Electrical Vibrations."

9. Jeans, "Constitution of the Atom."

10. Schott, "Electron Teory of Matter."

11. Einstein, "Über die von der molekularkinetischen Teorie der Wärme gefor-derte Bewegung von in ruhenden Flüssigkeiten suspendierten Teilchen."

12. Lenard, "Über die Absorption der Kathodenstrahlen verschiedener Ge-schwindigkeit."

13. Stark, Prinzipien der Atomdynamik.

14. Ehrenfest, "Ungleichförmige Elektrizitätsbewegungen ohne Magnet-und Strahlungs-feld."

15. 令人难以置信的是，卢瑟福在发现原子核之前就获得了诺贝尔奖。

16. Rutherford, "Forty Years of Physics," 68.

17. Perrin, "Nobel Lecture."

18. Rutherford, "Scattering of α and β Particles by Matter."

第10章　最后一个伟大的量子论怀疑者

1. Nauenberg, "Max Planck," 715.

2. 斯蒂芬·霍金（Stephen Hawking）曾被告知，他的科普书中每多一个方程，这本书的销量就会减半一次。想到这一点，我也必须道歉。

3. Nauenberg, "Max Planck," 715.

4. Wheaton, "Philipp Lenard."

5. Einstein, "Über einen die Erzeugung und Verwandlung des Lichtes betreffenden heuristischen Gesichtspunkt."

6. 如果你搞不懂什么是波粒二象性，别担心；因为事实上，物理学家也没搞懂，他们也很挣扎。

7. Niaz et al., "History of the Photoelectric Effect," 909.

8. Bohr, "Constitution of Atoms and Molecules."

9. Broglie, "Wave Nature of the Electron."

10. 我已故的博导埃米尔·沃尔夫经常开玩笑说，他有个学生，"他制造的问题比解决的问题还多"。但这不是贬低，而是说这个学生极具洞察力，在解决问题的过程中，还能经常发现许多新的研究课题。这就是科研的理想状态：在回答问题的同时又能发现新的问题。

11. 刚学量子物理的学生经常会听到这句咒语："闭上嘴，计算一下就行了。"言下之意是，不必纠结物理原理，少问多用就好。进入量子物理学时代已一个多世纪，我们仍不知道它到底蕴含了宇宙的什么本质。借用道格拉斯·亚当斯（Douglas Adams）在《最后的机会》（*Last Chance To See*）中的一句话："我总感觉有人把什么问题理解错了。我甚至不敢说那个人不是我。"

12. Schott, "V. On the Reflection and Refraction of Light."

13. Schott, "LIX. Radiation from Moving Systems of Electrons," 667.

14. Schott, "XXII. Bohr's Hypothesis of Stationary States of Motion," 258, 243.

15. Schott, "LIX. The Electromagnetic Field of a Moving Uniformly and Rigidly Electrified Sphere and Its Radiationless Orbits."

16. Schott, 752 – 753.

17. Schott, "Electromagnetic Field due to a Uniformly and Rigidly Electrified Sphere in Spinless Accelerated Motion and Its Mechanical Reaction on the Sphere," I, II, III, and IV.

18. Conway, "Professor G. A. Schott, 1868 – 1937."

19. Bohm and Weinstein, "Self–Oscillations of a Charged Particle."

20. Goedecke, "Classically Radiationless Motions," B288.

第11章 透视物体内部

1. Bostwick, "'Seeing' with X–Rays."

2. "Edison Says There Is Hope."

3. "Edison Fears Hidden Perils of the X–Rays."

4. Smith, *Skin and Bones*. 索恩·史密斯最为著名的作品是1926年出版的小说《逍遥鬼侣》，书中讲述了一个银行家和妻子与几个鬼魂成为朋友的故事。该书于1937年改编为电影。

5. Gernsback, "Can We Make Ourselves Invisible?"

6. Cormack, "Nobel Lecture."

7. Cormack.

8. EMI是个听起来很耳熟的公司，实际上，这个公司发行了20世纪六七十年代影响最为深远的音乐专辑，包括披头士和平克·弗洛伊德的作品。

9. Hounsfield, "Computerized Transverse Axial Scanning (Tomography)."

10. Weyl, "Uber die asymptotische Verteilung der Eigenwerte."

11. Wikipedia, s.v. "Invers Problem."

12. Bleistein and Bojarski, "Recently Developed Formulations of the Inverse Problem," 1‒2.

13. Moses, "Solution of Maxwell's Equations," 1670.

14. Bleistein and Cohen, "Nonuniqueness in the Inverse Source Problem."

15. Bojarski, "Inverse Scattering Inverse Source Theory."

16. Stone, "Nonradiating Sources of Compact Support Do Not Exist."

17. Devaney and Sherman, "Nonuniqueness in Inverse Source and Scattering Problems."

18. Devaney and Sherman, 1041‒1042.

第12章　狩猎中的狼

1. Kerker, "Invisible Bodies."

2. 摘自与埃米尔·沃尔夫的私下谈话回忆录。

3. 摘自与埃米尔·沃尔夫的私下谈话回忆录。

4. 沃尔夫后来回忆道，玻恩同样也在躲避他写的旧书的版权问题。作为一名德国犹太人，纳粹掌权时，玻恩的著作版权被纳粹没收，纳粹被打败后，盟军又将他的著作版权作为战利品拿走。当玻恩宣布他在写新的光学书时，这些"版权所有者"便联系他，问他使用了旧书中的哪些部分，以便向他收取版权使用费；他告诉他们见鬼去吧。

5. 摘自与埃米尔·沃尔夫的私下谈话回忆录。

6. Wolf, "Optics in Terms of Observable Quantities."

7. Wolf, "Recollections of Max Born," 12.

8. Wolf, 15.

9. Wolf, 15.

10. Wolf, "Three–Dimensional Structure Determination of Semi–Transparent Objects from Helogrophic Data."

11. 在与埃米尔·沃尔夫合作的过程中，我最大的遗憾之一就是从未问过他究竟是如何对非辐射源产生兴趣的。

12. Devaney and Wolf, "Radiating and Nonradiating Classical Current Distributions and the Fields They Generate." 德瓦尼后来成为了将衍射层析技术用于地震勘探的先驱。

13. Kim and Wolf, "Non–Radiating Monochromatic Sources"; Gamliel et al., "New Method for Specifying Nonradiating Monochromatic Sources."

14. Gbur, "Sources of Arbitrary States of Coherence."

15. Gbur, "Nonradiating Sources and the Inverse Source Problem."

16. Devaney, "Nonuniqueness in the Inverse Scattering Problem."

17. Wolf and Habashy, "Invisible Bodies."

18. Nachman, "Reconstructions from Boundary Measurements."

19. Wolf, "Recollections of Max Born," 15.

第13章　非天生物质

1. Wiener, "Stehende Lichtwellen," 240–241.

2. Sommerfeld, *Optics*, 18.

3. Pendry et al., "Extremely Low Frequency Plasmons."

4. Pendry et al., "Magnetism from Conductors and Enhanced Nonlinear Phenomena."

5. Vesalago, "Electrodynamics of Substances." 幸运的是，维克多·维萨拉戈的研究得到广泛赞誉时，他还在世。在2018年去世前，他受邀参加了许多国际会议并发表演讲。在一次会议上，我碰巧看到他一个人坐着，就借机向他介绍了自己，并感谢他所做出的贡献。

6. Pendry, "Negative Refraction Makes a Perfect Lens."

7. Grbic and Eleftheriades, "Overcoming the Diffraction Limit."

8. Fang et al., "Sub–Diffraction–Limited Optical Imaging."

第14章　隐身斗篷的问世

1. Pendry and Ramakrishna, "Near–Field Lenses in Two Dimensions"; Pendry, "Perfect Cylindrical Lenses."

2. Ward and Pendry, "Refraction and Geometry in Maxwell's Equations."

3. Ball, "Bending the Laws of Optics with Metamaterials," 201.

4. Leonhardt and Piwnicki, "Optics of Nonuniformly Moving Media."

5. Leonhardt, private correspondence.

6. Leonhardt, private correspondence.

7. Petit, "Invisibility Uncloaked."

8. Leonhardt, "Optical Conformal Mapping"; Pendry et al., "Controlling Electromagnetic Fields."

9. Ball, "Invisibility Cloaks Are in Sight."

10. Merritt, *Face in the Abyss*.

11. 自2006年以来，乌尔夫·莱昂哈特一直活跃在隐形研究和跨阵型光学领域，成就之一是写了一本关于隐形的小说《隐形任务》（*Mission Invisible*，2020）。

12. Schurig et al., "Metamaterial Electromagnetic Cloak at Microwave Frequencies."

13. Boyle, "Here's How to Make an Invisibility Cloak."

第15章 奇趣丛生

1. Hashemi et al., "Diameter-Bandwidth Product Limitation of Isolated-Object Cloaking."

2. Li and Pendry, "Hiding under the Carpet."

3. Li et al., "Broadband Ground-Plane Cloak."

4. Valentine et al., "Optical Cloak Made of Dielectrics."

5. Ergin et al., "Three-Dimensional Invisibility Cloak at Optical Wavelengths."

6. Zhang et al., "Macroscopic Invisibility Cloak for Visible Light."

7. Chen et al., "Macroscopic Invisibility Cloaking of Visible Light."

8. Sinclair, "Invisibility Cloak Demoed at TED2013."

9. Chen et al., "Ray-Optics Cloaking Devices for Large Objects."

10. Ball, "'Invisibility Cloak' Hides Cats and Fish."

11. Alù and Engheta, "Achieving Transparency with Plasmonic and Metamaterial Coatings."

12. Alù and Engheta, "Cloaking a Sensor."

13. Lai et al., "Complementary Media Invisibility Cloak."

14. Lai et al., "Illusion Optics."

15. Luo et al., "Conceal an Entrance by Means of Superscatterer."

16. Greenleaf et al., "Electromagnetic Wormholes and Virtual Magnetic Monopoles."

17. Greenleaf et al., "Anisotropic Conductivities That Cannot Be Detected by EIT."

18. Prat-Camps, Navau, and Sanchez, "Magnetic Wormhole."

19. 这是一个标准的物理演示。你可以去科学用品商店购买容易折断的条形磁铁，然后你会发现折断后的每一段磁铁都有自己的南北极。

20. Dirac, "Quantised Singularities in the Electromagnetic Field."

21. Milton, "Theoretical and Experimental Status of Magnetic Monopoles."

22. Chen et al., "Anti-Cloak."

23. Tsakmakidis et al., "Ultrabroadband 3D invisibility with Fast-Light Cloaks."

第16章　不只隐身

1. 事实上，光学研究人员一直在使用光波作为水波的替代，以便可靠和安全地研究"疯狗浪"是如何产生的。

2. Dysthe, Krogstad, and Müller, "Oceanic Rogue Waves."

3. Alam, "Broadband Cloaking in Stratified Seas."

4. 在这里我应该指出，自2006年以来，关于各种类型的隐形技术已经有很多很多研究成果了。我们在这里能做得最好的就是突出其中一些比较有趣的。我向那些作品未被提及的作者们道歉——我并非是对他们的研究有所批判。

5. Kwon and Werner, "Transformation Optical Designs for Wave Collimators."

6. Rahm et al., "Optical Design of Reflectionless Complex Media"; Markov, Valentine, and Weiss, "Fiber-to-Chip Coupler."

7. Wood and Pendry, "Metamaterials at Zero Frequency"; Magnus et al., "A d.c. Magnetic Material."

8. Navau et al., "Magnetic Properties of a dc Metamaterial"; Gömöry et al., "Experimental Realization of a Magnetic Cloak."

9. Yang et al., "dc Electric Invisibility Cloak."

10. Guenneau, Amra, and Veyante, "Transformation Thermodynamics."

11. Cummer et al., "Scattering Theory Derivation of a 3D Acoustic Cloaking Shell";

Zhang, Xia, and Fang, "Broadband Acoustic Cloak for Ultrasound Waves."

12. Farhat, Guenneau and Enoch, "Ultrabroadband Elastic Cloaking in Thin Plates."

13. Kim and Das, "Seismic Waveguide of Metamaterials."

14. Stenger, Wilhelm, and Wegener, "Experiments on Elastic Cloaking in Thin Plates."

15. Brûlé et al., "Experiments on Seismic Metamaterials."

16. Colombi et al., "Forests as a Natural Seismic Metamaterial"; Maruel et al., "Conversion of Love Waves in a Forest of Trees."

17. Brûlé, Enoch, and Guenneau, "Role of Nanophotonics in the Birth of Seismic Megastructures."

参考书目

Adams, Douglas, and Mark Carwardine. *Last Chance to See.* New York: Ballantine Books, 1992.

Alam, Mohammad-Reza. "Broadband Cloaking in Stratified Seas." *Physical Review Letters* 108 (2012): 084502.

Alù, Andrea, and Nader Engheta. "Achieving Transparency with Plasmonic and Metamaterial Coatings." *Physical Review E* 72 (2005): 016623.

———. "Cloaking a Sensor." *Physical Review Letters* 102 (2009): 233901.

Anderson, Anthony F. "Forces of Inspiration." *New Scientist,* June 11, 1981, 712–13.

Apollodorus. *The Library.* Trans. J. G. Frazer. London: William Heinemann, 1921.

Arago, M. "Biographical Memoir of Dr. Thomas Young." *Edinburgh New Philosophical Journal* 20 (1836): 213–40.

Ball, Philip. "Bending the Laws of Optics with Metamaterials: An Interview with John Pendry." *National Science Review* 5 (2018): 200–202.

———. "'Invisibility Cloak' Hides Cats and Fish." *Nature,* June 11, 2013. https://doi.org/10.1038/nature.2013.13184.

———. "Invisibility Cloaks Are in Sight." *Nature News,* May 25, 2006. https://doi.org/10.1038/news060522-18.

Bierce, Ambrose. "The Damned Thing." *Town Topics* (New York), December 7, 1893.

Bleistein, Norman, and Norbert N. Bojarski. "Recently Developed Formulations of the Inverse Problem in Acoustics and Electromagnetics." Denver Research Institute, Division of Mathematical Sciences, 1974.

Bleistein, Norman, and Jack K. Cohen. "Nonuniqueness in the Inverse

Source Problem in Acoustics and Electromagnetics." *Journal of Mathematical Physics* 18 (1977): 194–201.

Bohm, D., and M. Weinstein. "The Self-Oscillations of a Charged Particle." *Physical Review* 74 (1948): 1789–98.

Bohr, Niels. "On the Constitution of Atoms and Molecules." *Philosophical Magazine* 26 (1913): 1–24.

Bojarski, Norbert N. "Inverse Scattering Inverse Source Theory." *Journal of Mathematical Physics,* 22 (1981): 1647–50.

Bostwick, A. E. "'Seeing' with X-Rays." *Courier-News* (Bridgewater, N.J.), May 27, 1896, 7.

Boyle, Alan. "Here's How to Make an Invisibility Cloak." *NBC News,* May 25, 2006, www.nbcnews.com/id/wbna12961080.

Broglie, Louis de. "The Wave Nature of the Electron." In *Nobel Lectures: Physics, 1922–1941,* 244–56. Amsterdam: Elsevier, 1965.

Brooke, James. "Tokyo Journal; Behold, the Invisible Man, If Not Seeing Is Believing." *New York Times,* March 27, 2003.

[Brougham, Henry]. "An Account of Some Cases of the Production of Colours Not Hitherto Described." *Edinburgh Review* 1 (1803): 457–60.

———. "The Bakerian Lecture on the Theory of Light and Colours." *Edinburgh Review* 1 (1803): 450–56.

Brûlé, Stéphane, Stefan Enoch, and Sébastien Guenneau. "Role of Nanophotonics in the Birth of Seismic Megastructures." *Nanophotonics* 8 (2019): 1591–605.

Brûlé, S., E. H. Javelaud, S. Enoch, and S. Guenneau. "Experiments on Seismic Metamaterials: Molding Surface Waves." *Physical Review Letters* 112 (2014): 133901.

Campbell, Lewis, and William Garnett. *The Life of James Clerk Maxwell.* London: Macmillan, 1882.

Castaldi, Giuseppe, Ilaria Gallina, Vincenzo Galdi, Andrea Alù, and Nader Engheta. "Cloak/Anti-Cloak Interactions." *Optics Express* 17 (2009): 3101–14.

Chen, Huanyang, and C. T. Chan. "Acoustic Cloaking in Three Dimensions Using Acoustic Metamaterials." *Applied Physics Letters* 91 (2007): 183518.

Chen, Huanyang, Xudong Luo, Hongru Ma, and C. T. Chan. "The Anti-Cloak." *Optics Express* 16 (2008): 14603–8.

Chen, Huanyang, Rong-Xin Miao, and Miao Li. "Transformation Optics That Mimics the System outside a Schwarzschild Black Hole." *Optics Express* 18 (2010): 15183–88.

Chen, Huanyang, Bae-Ian Wu, Baile Zhang, and Jin Au Kong. "Electromagnetic Wave Interactions with a Metamaterial Cloak." *Physical Review Letters* 99 (2007): 063903.

Chen, Huanyang, Bin Zheng, Lian Shen, Huaping Wang, Xianmin Zhang, Nikolay I. Zheludev, and Baile Zhang. "Ray-Optics Cloaking Devices for Large Objects in Incoherent Natural Light." *Nature Communications* 4 (2013): 2652.

Chen, Xianzhong, Yu Luo, Jingjing Zhang, Kyle Jiang, John B. Pendry, and Shuang Zhang. "Macroscopic Invisibility Cloaking of Visible Light." *Nature Communications* 2 (2011): 176.

Cho, Adrian. "High-Tech Materials Could Render Objects Invisible." *Science* 312 (2006): 1120.

Chu, Jennifer. "MIT Engineers Develop 'Blackest Black' Material to Date." *MIT News,* September 12, 2019. http://news.mit.edu/2019/blackest-black-material-cnt-0913.

Coldewey, Devin. "Vantablack: U.K. Firm Shows Off 'World's Darkest Material.'" *NBC News,* July 14, 2014. www.nbcnews.com/science/science-news/vantablack-u-k-firm-shows-worlds-darkest-material-n155581.

Colombi, Andrea, Philippe Roux, Sébastien Guenneau, Philippe Gueguen, and Richard V. Craster. "Forests as a Natural Seismic Metamaterial: Rayleigh Wave Bandgaps Induced by Local Resonances." *Scientific Reports* 6 (2016): 19238.

Conway, Arthur William. "Professor G. A. Schott, 1868–1937." *Obituary Notices of Fellows of the Royal Society* 2 (1939): 451–54.

Cormack, Allan M. "Nobel Lecture." *The Nobel Prize,* www.nobelprize.org/prizes/medicine/1979/cormack/lecture/.

Coxworth, Ben. "New Chemical Reagent Turns Biological Tissue Transparent." *New Atlas,* September 2, 2011. https://newatlas.com/chemical-reagent-turns-biological-tissue-transparent/19708/.

隐形：不被发现的历史与科学

Cummer, Steven A., Bogdan-Ioan Popa, David Schurig, David R. Smith, John Pendry, Marco Rahm, and Anthony Starr. "Scattering Theory Derivation of a 3D 'Acoustic Cloaking Shell." *Physical Review Letters* 100 (2008): 024301.

Cummer, Steven A., and David Schurig. "One Path to Acoustic Cloaking." *New Journal of Physics* 9 (2007): 45.

Devaney, A. J. "Nonuniqueness in the Inverse Scattering Problem." *Journal of Mathematical Physics* 19 (1978): 1526–31.

Devaney, A. J., and G. C. Sherman. "Nonuniqueness in Inverse Source and Scattering Problems." *IEEE Transactions on Antennas and Propagation* 30 (1982): 1034–37.

Devaney, A. J., and E. Wolf. "Radiating and Nonradiating Classical Current Distributions and the Fields They Generate." *Physical Review D* 8 (1973): 1044–47.

DeVito, Carl L. *Science, SETI, and Mathematics.* New York: Berghahn Books, 2014.

Diaz, Johnny. "Teenager Wins $25,000 for Science Project That Solves Blind Spots in Cars." *New York Times,* November 7, 2019.

Dirac, Paul Adrien Maurice. "Quantised Singularities in the Electromagnetic Field." *Proceedings of the Royal Society A* 133 (1931): 60–72.

Doyle, A. Conan. "The Adventure of the Abbey Grange." *Strand,* September 1904, 243–56.

Dysthe, Kristian, Harald E. Krogstad, and Peter Müller. "Oceanic Rogue Waves." *Annual Review of Fluid Mechanics* 40 (2008): 287–310.

Easley, Alexis, and Shannon Scott, eds. *Terrifying Transformations: An Anthology of Victorian Werewolf Fiction.* Kansas City, Mo.: Valancourt Books, 2013.

"Edison Fears Hidden Perils of the X-Rays." *New York World,* August 3, 1903.

"Edison Says There Is Hope." *San Francisco Examiner,* November 19, 1896, 5.

Ehrenfest, Paul. "Ungleichförmige Elektrizitätsbewegungen ohne Magnet- und Strahlungsfeld." *Physikalische Zeitschrift* 11 (1910): 708–9.

Einstein, A. "Über die von der molekularkinetischen Theorie der Wärme geforderte Bewegung von in ruhenden Flüssigkeiten suspendierten Teilchen." *Annalen der Physik* 332 (1905): 549–60.

————. "Über einen die Erzeugung und Verwandlung des Lichtes betreffenden heuristischen Gesichtspunkt." *Annalen der Physik* 332 (1905): 132–48.

Ergin, Tolga, Nicholas Stenger, Patrice Brenner, John B. Pendry, and Martin Wegener. "Three-Dimensional Invisibility Cloak at Optical Wavelengths." *Science* 328 (2010): 337–39.

Fang, Nicholas, Hyesog Lee, Cheng Sun, and Xiang Zhang. "Sub-Diffraction-Limited Optical Imaging with a Silver Superlens." *Science* 308 (2005): 534–37.

Faraday, Michael. "III. Experimental Researches in Electricity, Twenty-Eighth Series." *Philosophical Transactions of the Royal Society of London* 142 (1852): 25–56.

————. "V. Experimental Researches in Electricity." *Philosophical Transactions of the Royal Society of London* 122 (1832): 125–62.

————. "XXIII. A Speculation Touching Electric Conduction and the Nature of Matter." *London, Edinburgh, and Dublin Philosophical Magazine and Journal of Science* 24 (1844): 136–44.

Farhat, M., S. Enoch, S. Guenneau, and A. B. Movchan. "Broadband Cylindrical Acoustic Cloak for Linear Surface Waves in a Fluid." *Physical Review Letters* 101 (2008): 134501.

Farhat, M., S. Guenneau, and S. Enoch. "Ultrabroadband Elastic Cloaking in Thin Plates." *Physical Review Letters* 103 (2009): 024301.

Frankel, R. I. "Centennial of Rontgen's Discovery of X-Rays." *Western Journal of Medicine* 164 (1996): 497–501.

Gamliel, A., K. Kim, A. I. Nachman, and E. Wolf. "A New Method for Specifying Nonradiating Monochromatic Sources and Their Fields." *Journal of the Optical Society of America A* 6 (1989): 1388–93.

García-Meca, C., M. M. Tung, J. V. Galán, R. Ortuño, F. J. Rodríguez-Fortuno, J. Martí, and A. Martínez. "Squeezing and Expanding Light without Reflections via Transformation Optics." *Optics Express* 19 (2011): 3562–75.

Gbur, Greg. "Nonradiating Sources and the Inverse Source Problem." Ph.D. thesis, University of Rochester, 2001.

Gbur, Greg, and Emil Wolf. "Sources of Arbitrary States of Coherence That

Generate Completely Coherent Fields outside the Source." *Optics Letters* 22 (1997): 943–45.

Genov, Dentcho A., Shuang Zhang, and Xiang Zhang. "Mimicking Celestial Mechanics in Metamaterials." *Nature Physics* 5 (2009): 687–92.

Gernsback, H. "Can We Make Ourselves Invisible?" *Science and Invention* 8 (1921): 1074.

Goedecke, G. H. "Classically Radiationless Motions and Possible Implications for Quantum Theory." *Physical Review* 135 (1964): B281–88.

Gömöry, Fedor, Mykola Solovyov, Ján Šouc, Carles Navau, Jordi Prat-Camps, and Alvaro Sanchez. "Experimental Realization of a Magnetic Cloak." *Science* 335 (2012): 1466–68.

Gonzalez, Robbie. "A Chemical That Can Turn Your Organs Transparent." *Gizmodo*, September 1, 2011. https://gizmodo.com/a-chemical-that-can-turn-your-organs-transparent-5836605.

Grbic, Anthony, and George V. Eleftheriades. "Overcoming the Diffraction Limit with a Planar Left-Handed Transmission-Line Lens." *Physical Review Letters* 92 (2004): 117403.

Greenleaf, Allan, Yaroslav Kurylev, Matti Lassas, and Gunther Uhlmann. "Electromagnetic Wormholes and Virtual Magnetic Monopoles from Metamaterials." *Physical Review Letters* 99 (2007): 183901.

Greenleaf, Allan, Matti Lassas, and Gunther Uhlmann. "Anisotropic Conductivities That Cannot Be Detected by EIT." *Physiological Measurement* 24 (2003): 413–19.

Guenneau, Sebastien, Claude Amra, and Denis Veynante. "Transformation Thermodynamics: Cloaking and Concentrating Heat Flux." *Optics Express* 20 (2012): 8207–18.

Hama, Hiroshi, Hiroshi Kurokawa, Hioyuki Kawano, Ryoko Ando, Tomomi Shimogori, Hisayori Noda, Kiyoko Fukami, Asako Sakaue-Sawano, and Atsushi Miyawaki. "Sca*l*e: A Chemical Approach for Fluorescence Imaging and Reconstruction of Transparent Mouse Brain." *Nature Neuroscience* 14 (2011): 1481–88.

Hapgood, Fred, and Andrew Grant. "Metamaterial Revolution: The New Science of Making Anything Disappear." *Discover Magazine*, April 2009.

Hashemi, Hila, Cheng Wei Qiu, Alexander P. McCauley, J. D. Joannopoulos, and Steven G. Johnson. "Diameter-Bandwidth Product Limitation of Isolated-Object Cloaking." *Physical Review A* 86 (2012): 013804.

Herschel, William. "XIII. Investigation of the Powers of the Prismatic Colours to Heat and Illuminate Objects; with Remarks, That Prove the Different Refrangibility of Radiant Heat. To Which Is Added an Inquiry into the Method of Viewing the Sun Advantageously, with Telescopes of Large Apertures and High Magnifying Powers." *Philosophical Transactions of the Royal Society of London* 90 (1800): 255–83.

———. "XIV. Experiments on the Refrangibility of the Invisible Rays of the Sun." *Philosophical Transactions of the Royal Society of London* 90 (1800): 284–92.

Hertz, Heinrich. *Electric Waves; Being Researches on the Propagation of Electric Action with Finite Velocity through Space.* Translated by D. E. Jones. 1895. Reprint, New York: Dover, 1962.

Hirshfeld, Alan. *The Electric Life of Michael Faraday.* New York: Walker, 2006.

Hounsfield, G. N. "Computerized Transverse Axial Scanning (Tomography): Part I. Description of System." *British Journal of Radiology* 46 (1973): 1016–22.

James, R. W. *The Optical Principles of the Diffraction of X-Rays.* London: G. Bell and Sons, 1948.

"Japanese Scientist Invents 'Invisibility Coat.'" *BBC News World Edition,* February 18, 2003. http://news.bbc.co.uk/2/hi/asia-pacific/2777111.stm.

Jeans, J. H. "On the Constitution of the Atom." *Philosophical Magazine* 11 (1906): 604–7.

Jiang, Wei Xiang, Hui Feng Ma, Qiang Cheng, and Tie Jun Cui. "Illusion Media: Generating Virtual Objects Using Realizable Metamaterials." *Applied Physics Letters* 96 (2010): 121910.

Jones, Bence. *The Life and Letters of Faraday.* 2 vols. Philadelphia: J. B. Lippincott, 1870.

Jowett, Benjamin, trans. *The Republic of Plato.* 2nd ed. Oxford: Clarendon Press, 1881.

Kaye, G. W. C. *X Rays.* 3rd ed. London: Longmans, Green, 1918.

Kerker, Milton. "Invisible Bodies." *Journal of the Optical Society of America* 65 (1975): 376–79.

Kim, Kisik, and Emil Wolf. "Non-Radiating Monochromatic Sources and Their Fields." *Optics Communications* 59 (1986): 1–6.

Kim, Sang-Hoon, and Mukunda P. Das. "Seismic Waveguide of Metamaterials." *Modern Physics Letters B* 26 (2012): 1250105.

Kwon, Do-Hoon, and Douglas H. Werner. "Transformation Optical Designs for Wave Collimators, Flat Lenses and Right-Angle Bends." *New Journal of Physics* 10 (2008): 115023.

Lai, Yun, Huanyang Chen, Zhao-Qing Zhang, and C. T. Chan. "Complementary Media Invisibility Cloak That Cloaks Objects at a Distance Outside the Cloaking Shell." *Physical Review Letters* 102 (2009): 093901.

Lai, Yun, Jack Ng, HuanYang Chen, DeZhuan Han, JunJun Xiao, Zhao-Qing Zhang, and C. T. Chan. "Illusion Optics: The Optical Transformation of an Object into Another Object." *Physical Review Letters* 102 (2009): 253902.

Lenard, P. "Über die Absorption der Kathodenstrahlen verschiedener Geschwindigkeit." *Annalen der Physik* 12 (1903): 714–44.

Leonhardt, Ulf. "Optical Conformal Mapping." *Science* 312 (2006): 1777–80.

Leonhardt, U., and P. Piwnicki. "Optics of Nonuniformly Moving Media." *Physical Review A* 60 (1999): 4301–12.

Li, Jensen, and J. B. Pendry. "Hiding under the Carpet: A New Strategy for Cloaking." *Physical Review Letters* 101 (2008): 203901.

Lie, R., C. Ji, J. J. Mock, J. Y. Chin, T. J. Cui, and D. R. Smith. "Broadband Ground-Plane Cloak." *Science* 323 (2009): 366–69.

Liszewski, Andrew. "Museum Visitor Falls into Giant Hole That Looks Like a Cartoonish Painting on the Floor." *Gizmodo,* August 20, 2018. https://gizmodo.com/museum-visitor-falls-into-giant-hole-that-looks-like-a-1828462859.

London, Jack. "The Shadow and the Flash." *Windsor Magazine* 24 (1906): 354–62.

Luo, Xudong, Tao Yang, Yongwei Gu, Huanyang Chen, and Hongru Ma. "Conceal an Entrance by Means of Superscatterer." *Applied Physics Letters* 94 (2009): 223513.

Magnus, F., B. Wood, J. Moore, K. Morrison, G. Perkins, J. Fyson, M. C. K.

Wiltshire, D. Caplin, L. F. Cohen, and J. B. Pendry. "A d.c. Magnetic Material." *Nature Materials* 7 (2008): 295–97.

Markov, Petr, Jason G. Valentine, and Sharon M. Weiss. "Fiber-to-Chip Coupler Designed Using an Optical Transformation." *Optics Express* 20 (2012): 14705–13.

Maupassant, Guy de. "Le Horla." *Gil Blas,* October 26, 1886.

———. *Le Horla.* Paris: Paul Ollendorff, 1887.

———. *The Works of Guy de Maupassant.* Vol. 4. London: Classic, 1911.

Maurel, Agnes, Jean-Jacques Marigo, Kim Pham, and Sebastien Guenneau. "Conversion of Love Waves in a Forest of Trees." *Physical Review B* 98 (2018): 134311.

Maxwell, J. C. "A Dynamical Theory of the Electromagnetic Field." *Philosophical Transactions of the Royal Society of London* 155 (1865): 459–512.

———. "On Faraday's Lines of Force." *Transactions of the Cambridge Philosophical Society* 10 (1855): 155–229.

———. *A Treatise on Electricity and Magnetism.* 3rd ed. Oxford: Clarendon Press, 1892.

———. "III. On Physical Lines of Force." *London, Edinburgh, and Dublin Philosophical Magazine and Journal of Science* 23 (1862): 12–24.

———. "XVIII.—Experiments on Colour, as Perceived by the Eye, with Remarks on Colourblindness." *Transactions of the Royal Society of Edinburgh* 21 (1857): 275–98.

———. "XXV. On Physical Lines of Force." *London, Edinburgh, and Dublin Philosophical Magazine and Journal of Science* 21 (1861): 161–75.

Maxwell, J. C., and Forbes. "1. On the Description of Oval Curves, and Those Having a Plurality of Foci." *Proceedings of the Royal Society of Edinburgh* 2 (1951): 89–91.

Mercedes-Benz. "Mercedes-Benz Invisible Car." 2012. https://www.youtube.com/watch?v=TYlXpnPTbqQ.

Merritt, A. *The Face in the Abyss.* New York: Horace Liveright, 1931.

Michelson, A. A. *Light Waves and Their Uses.* Chicago: University of Chicago Press, 1903.

Milton, K. A. "Theoretical and Experimental Status of Magnetic Monopoles." *Reports on Progress in Physics* 69 (2006): 1637–711.

Mitchell, Edward Page. "The Crystal Man." *New York Sun,* January 30, 1881.

Mizuno, Kohei, J ntaro Ishii, Hideo Kishida, Yuhei Hayamizu, Satoshi Yasuda, Don N. Futaba, Motoo Yumura, and Kenji Hata. "A Black Body Absorber from Vertically Aligned Single-Walled Carbon Nanotubes." *Proceedings of the National Academy of Sciences* 106 (2009): 6044–47.

Monticone, Francesco, and Andrea Alù. "Do Cloaked Objects Really Scatter Less?" *Physical Review X* 3 (2013): 041005.

Moses, H. E. "Solution of Maxwell's Equations in Terms of a Spinor Notation: The Direct and Inverse Problem." *Physical Review* 113 (1959): 1670–79.

Nachman, Adrian I. "Reconstructions from Boundary Measurements." *Annals of Mathematics* 128 (1988): 531–76.

Nagaoka, H. "LV. Kinetics of a System of Particles Illustrating the Line and the Band Spectrum and the Phenomena of Radioactivity." *London, Edinburgh, and Dublin Philosophical Magazine and Journal of Science* 7 (1904): 445–55.

Nash, Leonard K. "The Origin of Dalton's Chemical Atomic Theory." *Isis* 47 (1956): 101–16.

Nauenberg, Michael. "Max Planck and the Birth of the Quantum Hypothesis." *American Journal of Physics* 84 (2016): 709–20.

Navau, Carles, Du-Xing Chen, Alvaro Sanchez, and Nuria Del-Valle. "Magnetic Properties of a dc Meta-Material Consisting of Parallel Square Superconducting Thin Plates." *Applied Physics Letters* 94 (2009): 242501.

Newton, Sir Isaac. *Opticks; or, A Treatise of the Reflections, Refractions, Inflections and Colours of Light.* 4th ed. London: William and John Innys, 1730.

Niaz, Mansoor, Stephen Klassen, Barbara McMillan, and Don Metz. "Reconstruction of the History of the Photoelectric Effect and Its Implications for General Physics Textbooks." *Science Education* 94 (2010): 903–31.

O'Brien, Fitz-James. "The Diamond Lens." *Atlantic Monthly,* January 1858, 354–67.

———. "From Hand to Mouth." *New York Picayune,* March 27–May 15, 1858.

————. "The Lost Room." *Harper's New Monthly Magazine,* September 1858, 494–500.

————. "What Was It? A Mystery." *Harper's New Monthly Magazine,* March 1859, 504–9.

————. "The Wondersmith." *Atlantic Monthly,* October 1859, 463–82.

Oersted, Hans Christian. "Experiments on the Effect of a Current of Electricity on the Magnetic Needle." *Annals of Philosophy* 16 (1820): 273–76.

————. "Thermo-Electricity." In *The Edinburgh Encyclopedia,* ed. D. Brewster, 17:715–32. Philadelphia: Joseph Parker, 1832.

Parnell, William J. "Nonlinear Pre-Stress for Cloaking from Antiplane Elastic Waves." *Proceedings of the Royal Society A* 468 (2012): 563–80.

Peacock, George. *Life of Thomas Young, M.D., F.R.S., &c., ...* London: John Murray, 1855.

Pendry, J. B. "Negative Refraction Makes a Perfect Lens." *Physical Review Letters* 85 (2000): 3966–69.

————. "Perfect Cylindrical Lenses." *Optics Express* 11 (2003): 755–60.

Pendry, J. B., A. J. Holden, D. J. Robbins, and W. J. Stewart. "Magnetism from Conductors and Enhanced Nonlinear Phenomena." *IEEE Transactions on Microwave Theory and Techniques* 47 (1999): 2075–84.

Pendry, J. B., A. J. Holden, W. J. Stewart, and I. Youngs. "Extremely Low Frequency Plasmons in Metallic Mesostructures." *Physical Review Letters* 76 (1996): 4773–76.

Pendry, J. B., and S. Anantha Ramakrishna. "Near-Field Lenses in Two Dimensions." *Journal of Physics: Condensed Matter* 14 (2002): 8463.

Pendry, J. B., D. Schurig, and D. R. Smith. "Controlling Electromagnetic Fields." *Science* 312 (2006): 1780–82.

Perrin, J. B. "Discontinuous Structure of Matter." Nobel Lecture, December 11, 1926. The Nobel Prize, www.nobelprize.org/prizes/physics/1926/perrin/lecture/.

————. "Les hypothèses moléculaires." *Revue Scientifique* 15 (1901): 449–61.

Petit, Charles. "Invisibility Uncloaked." *Science News,* November 21, 2009.

Prat-Camps, Jordi, Carles Navau, and Alvaro Sanchez. "A Magnetic Wormhole." *Scientific Reports* 5 (2015): 12488.

Rahm, Marco, Steven A. Cummer, David Schurig, John B. Pendry, and

David R. Smith. "Optical Design of Reflectionless Complex Media by Finite Embedded Coordinate Transformations." *Physical Review Letters* 100 (2008): 063903.

Rayleigh, Lord. "Geometrical Optics." In *Encyclopaedia Britannica,* 1884 ed., 17:798–807.

———. "On Electrical Vibrations and the Constitution of the Atom." *Philosophical Magazine* 11 (1906): 117–23.

Roberts, D. A., M. Rahm, J. B. Pendry, and D. R. Smith. "Transformation-Optical Design of Sharp Waveguide Bends and Corners." *Applied Physics Letters* 93 (2008): 251111.

Rogers, Adam. "Art Fight! The Pinkest Pink versus the Blackest Black." *Wired,* June 22, 2017. www.wired.com/story/vantablack-anish-kapoor -stuart-semple/.

Röntgen, W. C. "On a New Kind of Rays." *Science* 3 (1896): 227–31.

Rutherford, Ernest. "Forty Years of Physics." In *Background to Modern Science,* ed. Joseph Needham and Walter Pagel, 47–74. New York: MacMillan, 1938.

———. "The Scattering of α and β Particles by Matter and the Structure of the Atom." *London, Edinburgh, and Dublin Philosophical Magazine and Journal of Science* 21 (1911): 669–88.

San Francisco Examiner, statement on Ambrose Bierce assignment, January 21, 1896, 6.

Schott, G. A. "The Electromagnetic Field Due to a Uniformly and Rigidly Electrified Sphere in Spinless Accelerated Motion and Its Mechanical Reaction on the Sphere, I." *Proceedings of the Royal Society A,* 156 (1936): 471–86.

———. "The General Motion of a Spinning Uniformly and Rigidly Electrified Sphere, III." *Proceedings of the Royal Society A* 159 (1937): 548–70.

———. "On the Spinless Rectilinear Motion of a Uniformly and Rigidly Electrified Sphere, II." *Proceedings of the Royal Society A* 156 (1936): 487–503.

———. "The Uniform Circular Motion with Invariable Normal Spin of a Rigidly and Uniformly Electrified Sphere, IV." *Proceedings of the Royal Society A* 159 (1937): 570–91.

———. "II. On the Electron Theory of Matter and the Explanation of Fine Spectrum Lines and of Gravitation." *London, Edinburgh, and Dublin Philosophical Magazine and Journal of Science* 12 (1906): 21–29.

———. "V. On the Reflection and Refraction of Light." *Proceedings of the Royal Society of London* 5 (1894): 5526–30.

———. "XXII. On Bohr's Hypothesis of Stationary States of Motion and the Radiation from an Accelerated Electron." *London, Edinburgh, and Dublin Philosophical Magazine and Journal of Science* 36 (1918): 243–61.

———. "LIX. The Electromagnetic Field of a Moving Uniformly and Rigidly Electrified Sphere and Its Radiationless Orbits." *London, Edinburgh, and Dublin Philosophical Magazine and Journal of Science* 15 (1933): 752–61.

———. "LIX. On the Radiation from Moving Systems of Electrons, and on the Spectrum of Canal Rays." *London, Edinburgh, and Dublin Philosophical Magazine and Journal of Science,* 13 (1907): 657–87.

———. "LXXXVIII. Does an Accelerated Electron Necessarily Radiate Energy on the Classical Theory?" *London, Edinburgh, and Dublin Philosophical Magazine and Journal of Science* 42 (1921): 807–8.

Schurig, D., J. J. Mock, B. J. Justice, S. A. Cummer, J. B. Pendry, A. F. Starr, and D. R. Smith. "Metamaterial Electromagnetic Cloak at Microwave Frequencies." *Science* 314 (2006): 977–80.

"A Severe Strain on Credulity." *New York Times,* January 13, 1920.

Shelby, R. A., D. R. Smith, and S. Schultz. "Experimental Verification of a Negative Index of Refraction." *Science* 292 (2001): 77–79.

Silveirinha, Mário G., Andrea Alù, and Nader Engheta. "Parallel-Plate Metamaterials for Cloaking Structures." *Physical Review E* 75 (2007): 036603.

Sinclair, Carla. "Invisibility Cloak Demoed at TED2013." *Boingboing,* February 25, 2013. https://boingboing.net/2013/02/25/invisibility-cloak-demoed-at-t.html.

Smith, David R., and Norman Kroll. "Negative Refractive Index in Left-Handed Materials." *Physical Review Letters* 85 (2000): 2933–36.

Smith, D. R., W. J. Padilla, D. C. Vier, S. C. Nemat-Nasser, and S. Schultz. "Composite Medium with Simultaneously Negative Permeability and Permittivity." *Physical Review Letters* 84 (2000): 4184–87.

Smith, Robert. *A Compleat System of Opticks.* Cambridge: Printed for the author, 1738.

———. *Harmonics; or, The Philosophy of Musical Sounds.* 2nd ed. Cambridge: T. and J. Merrill Booksellers, 1759.

Smith, Thorne. *Skin and Bones.* Garden City, N.Y.: Doubleday Doran, 1933.

Sommerfeld, Arnold. *Optics.* New York: Academic, 1964.

Southey, Robert. *The Doctor.* London: Longman, Brown, Green and Longmans, 1848.

Stark, Johannes. *Prinzipien der Atomdynamik: Die Elektrischen Quanten.* Leipzig: Hirzel, 1910.

Starrett, Vincent. *Ambrose Bierce.* Chicago: Walter M. Hill, 1920.

Stenger, Nicolas, Manfred Wilhelm, and Martin Wegener. "Experiments on Elastic Cloaking in Thin Plates." *Physical Review Letters* 108 (2012): 014301.

Stone, W. Ross. "Nonradiating Sources of Compact Support Do Not Exist: Uniqueness of the Solution to the Inverse Scattering Problem." *Journal of the Optical Society of America* 70 (1980): 1606.

Tachi, S. "Telexistence and Retro-Reflective Projection Technology (RPT)." In *Proceedings of the 5th Virtual Reality International Conference,* ed. S. Richir, P. Richard, and B. Taravel, 69/1–69/9. Angers, France: ISTIA Innovation, 2003.

Thomson, J. J. "XXIV. On the Structure of the Atom: An Investigation of the Stability and Periods of Oscillation of a Number of Corpuscles Arranged at Equal Intervals around the Circumference of a Circle; with Application of the Results to the Theory of Atomic Structure." *London, Edinburgh, and Dublin Philosophical Magazine and Journal of Science* 7 (1904): 237–65.

Thone, Frank. "Cloaks of Invisibility." *Science News-Letter* 45 (1944): 90–92.

Tsakmakidis, K. L., O. Reshef, E. Almpanis, G. P. Zouros, E. Mohammadi, D. Saadat, F. Sohrabi, N. Fahimi-Kashani, D. Etezadi, R. W. Boyd, and H. Altug. "Ultrabroadband 3D Invisibility with Fast-Light Cloaks." *Nature Communications* 10 (2019): 4859.

Valentine, Jason, Jensen Li, Thomas Zentgraf, Guy Bartal, and Xiang Zhang.

"An Optical Cloak Made of Dielectrics." *Nature Materials* 8 (2009): 568–71.

Verne, Jules. *The Secret of Wilhelm Storitz.* Translated and edited by Peter Schulman. Lincoln: University of Nebraska Press, 2011.

Vesalago, Viktor G. "The Electrodynamics of Substances with Simultaneously Negative Values of ϵ and μ." *Soviet Physics Uspekhi* 10 (1968): 509–14.

Ward, A. J., and J. B. Pendry. "Refraction and Geometry in Maxwell's Equations." *Journal of Modern Optics* 43 (1996): 773–93.

Wells, H. G. *Experiment in Autobiography.* Boston: Little, Brown, 1962.

———. *The Invisible Man.* New York: Harper and Brothers, 1897.

———. *Seven Famous Novels.* New York: Alfred A. Knopf, 1934.

Weyl, H. "Über die asymptotische Verteilung der Eigenwerte." *Nachrichten von der Gesellschaft der Wissenschaften zu Göttingen* (1911): 110–17.

Wheaton, Bruce R. "Philipp Lenard and the Photoelectric Effect, 1889–1911." *Historical Studies in the Physical Sciences* 9 (1978): 299–322.

Wiener, Otto. "Stehende Lichtwellen und die Schwingungsrichtung polarisirten Lichtes." *Annalen der Physik* 38 (1890): 203–43.

Wikipedia, s.v. "Inverse Problem." Last modified April 5, 2022, 12:13 (UTC). https://en.wikipedia.org/wiki/Inverse_problem.

Williamson, Jack. "Salvage in Space." *Astounding Stories of Super-Science,* March 1933, 6–21.

Winter, William. *The Poems and Stories of Fitz-James O'Brien.* Boston: James R. Osgood, 1881.

Wolf, Emil. "Optics in Terms of Observable Quantities." *Nuovo Cimento* 12 (1954): 884–88.

———. "Recollections of Max Born." *Optics News* 9 (1983): 10–16.

———. "Three-Dimensional Structure Determination of Semi-Transparent Objects from Holographic Data." *Optics Communications* 1 (1969): 153–56.

Wolf, Emil, and Tarek Habashy. "Invisible Bodies and Uniqueness of the Inverse Scattering Problem." *Journal of Modern Optics* 40 (1993): 785–92.

Wood, B., and J. B. Pendry. "Metamaterials at Zero Frequency." *Journal of Physics: Condensed Matter* 19 (2007): 076208.

Wood, R. W. "The Invisibility of Transparent Objects." *Physical Review* 15 (1902): 123–24.

Wylie, Philip. *The Murderer Invisible.* New York: Farrar and Rinehart, 1931.

Yang, Fan, Zhong Lei Mei, Jin Tian Yu, and Tie Jun Cui. "dc Electric Invisibility Cloak." *Physical Review Letters* 109 (2012): 053902.

Yang, Tao, Huanyang Chen, Xudong Luo, and Hongru Ma. "Superscatterer: Enhancement of Scattering with Complementary Media." *Optics Express* 16 (2008): 18545–50.

Young, Thomas. *A Course of Lectures on Natural Philosophy and the Mechanical Arts.* Vol. 1. London: Joseph Johnson, 1807.

———. *A Reply to the Animadversions of the Edinburgh Reviewers.* London: Savage and Easingwood, 1804.

———. "I. The Bakerian Lecture: Experiments and Calculations relative to Physical Optics." *Philosophical Transactions of the Royal Society of London* 94 (1804): 1–16.

———. "II. The Bakerian Lecture: On the Mechanism of the Eye." *Philosophical Transactions of the Royal Society of London* 91 (1801): 23–88.

———. "II. The Bakerian Lecture: On the Theory of Light and Colours." *Philosophical Transactions of the Royal Society of London* 92 (1802): 12–48.

———. "VII. Outlines of Experiments and Inquiries Respecting Sound and Light." *Philosophical Transactions of the Royal Society of London* 90 (1800): 106–50.

———. "XIV. An Account of Some Cases of the Production of Colours, Not Hitherto Described." *Philosophical Transactions of the Royal Society of London* 92 (1802): 387–97.

———. "XVI. Observations on Vision." *Philosophical Transactions of the Royal Society of London* 83 (1793): 169–81.

Zhang, Baile, Yuan Luo, Xiaogang Liu, and George Barbastathis. "Macroscopic Invisibility Cloak for Visible Light." *Physical Review Letters* 106 (2011): 033901.

Zhang, Shu, Chunguang Xia, and Nicholas Fang. "Broadband Acoustic Cloak for Ultrasound Waves." *Physical Review Letters* 106 (2011): 024301.

"Zola's Eulogy." *St. Louis Post Dispatch,* July 30, 1893, 7.

引用授权

译后记

　　《隐形：不被发现的历史与科学》一书的作者格雷戈里·格布尔（Gregory J. Gbur）1971年6月出生于美国，是一位研究光学的物理学家。他于1993年在芝加哥大学荣获物理学学士学位，随后进入罗切斯特大学深造，分别于1996年和2001年获得物理学硕士及博士学位。目前，格布尔教授在北卡罗来纳大学夏洛特分校物理与光学科学系担任教授，致力于奇异光学、光学相干理论及其交互作用等前沿领域的研究，尤为引人注目的是他在光学隐形及隐身斗篷技术方面的探索。他近期将奇异光学技术应用于超振荡波设计，旨在推动高分辨率成像技术的发展和创新。

　　除了卓越的学术成就，格布尔教授对科学史亦怀有深厚感情。自2008年至2014年，他创立并主持了"巨人的肩膀"博客嘉年华，专注于科学历史的挖掘与分享。同时，他还维护着另一科普博客"星空中的头骨"，以深入浅出的方式向公众普及科学知识，广受赞誉。其学术著作包括《光学物理与工程的数学方法》（2011）、《奇异光学》（2016）、《下落小猫与基础物理学》（2019），以及最新出版的《隐形：不被发现的历史与科学》（2023）。2020年9月，美国光学学会鉴于他在相干理论、奇异光学及跨学科领域的杰出贡献授予他会士称号。

《隐形》一书，由耶鲁大学出版社于2023年推出，中文简体字版将由生活·读书·新知三联书店出版，它引领读者进入一个既能看见他人又不被发现的科学奇境。尽管现实中的隐身斗篷尚未实现，但人类对隐形的想象却源远流长。该书巧妙地将科幻小说中的隐形幻想与科学原理相结合，将隐形技术的发展脉络置于文学虚构的框架内，以跨学科的视角，为普通读者搭建了一座通往隐形这一神秘领域的桥梁。此外，书中还附有与隐形相关的科幻小说推荐清单及读者可动手尝试的隐形装置设计方案，极大地增强了书籍的互动性和趣味性。

格布尔教授在其个人网站上对该书有如下精彩阐述："作为科学作家与光学物理学家的我，在本书中追溯了隐形学从科幻萌芽——如19世纪H.G.威尔斯与菲茨·詹姆斯·奥布赖恩等作家的科幻作品——到现代隐形技术、隐身斗篷及超材料发展的历程，梳理了隐形研究的历史脉络及其与电磁光谱发现、原子模型演进、量子理论等科技进步的紧密联系。本书不仅讲述了隐形的传奇故事，更是关于人类如何逐步揭开光的奥秘，以及众多杰出科学家如何通过不懈努力推动隐形研究前行的动人篇章。"

本书的翻译工作由北京大学MTI教育中心2022级英语翻译硕士专业的11位同学共同完成，他们分别是丁可儿、郝帅帅、潘光林（负责1—5章），张伊楠、彭育蝶、滕博（负责6—9章），史辰雪、郑宁宁、董艺蕾（负责10—13章），以及唐弋之、王晨辰（负责14—16章）。我翻译了附录A、附录B及"致谢"，并对全书译文进行了审校。译文难免存在不足之处，恳请广大读者不吝批评指正。

林庆新

2024 年 9 月于北京海淀区西二旗